3D 列印原理與
3D 列印材料

建軍，谷連旺 主編

然慧，邱常明 副主編

智 慧 製 造

目　錄

第 1 章　緒　論

第 2 章　3D 列印原理

第 3 章　3D 列印材料——高分子材料

第 4 章　3D 列印材料——光敏樹脂材料

第 5 章　3D 列印材料──金屬材料

第 6 章　3D 列印材料──無機非金屬材料

第 7 章　3D 列印材料──新材料

參考文獻

第1章

緒 論

1.1　3D 列印概述　▶▶▶

　　隨著人類社會的發展與進步，材料加工成型技術也發生了翻天覆地的變化。石器時代，人類就可以基於切削等手段用石頭製造簡單的工具。此後，材料的加工成型方式隨著科學技術的發展逐漸趨於精細化與高效化，但是傳統的加工成型依然長期依賴於以下兩種方法：一是基於材料去除（切、削、鑽、磨、鋸等）的自上而下的「減材技術」，比如鋁合金部件可以經過車床切削加工成不同形狀的部件；二是基於材料顆粒或部件組裝的模塑法，比如顆粒狀的熱塑性高分子材料可以在模具中被熱加工成型為不同幾何形狀的製品。雖然傳統的加工成型方法取得了極大的發展，但是受工藝的局限，「減材技術」與模塑法在成型較複雜的幾何形狀時依然面臨著成型困難、週期長、成本高和廢棄物多等諸多問題。自 20 世紀末以來，「積層技術」取得了突破性的進展，「積層技術」是基於材料自下而上地逐層堆積從而獲得目標製品的一種成型方式，又可形象地稱之為 3D 列印。相比傳統的加工成型方法，3D 列印特殊的成型工藝決定了其具有成型形狀豐富、節能環保、成型週期短與低成本等優勢。顯然，3D 列印對於傳統加工成型方法具有里程碑式的意義，其研究與發展將極大地促進與協助傳統加工成型方法與傳統製造業的發展。

　　3D 列印是一種整合了計算機軟體、數學、機械自動化、材料科學與設計等多種學科門類的集成技術。3D 列印的工作原理可以被概括為：首先借助切片軟體對數位模型文件進行分層與計算，然後通過自動化列印設備將材料按照目標模型的橫切面自下而上逐層堆積從而得到目標製品。雖然目前 3D 列印已經初步應用於軟體機器人、生物工程、電子元件製造和微流體技術等諸多領域，並且展現出極大的應用與發展潛力，但是 3D 列印仍然面臨著成型精度、速度和製品性能的挑戰。另外，目前大部分的 3D 列印製品都是作為結構性製品來應用的，缺乏功能性（如導熱、刺激 - 響應性能等），這些因素都限制 3D 列印的進一步發展與應用。理論上來講，以上各因素可通過對 3D 列印軟體、設備與材料的研究來調整與改進。其中材料對 3D 列印技術的改進與升級產生了決定性的作用。例如，材料的成型收縮對 3D 列印精度產生了關鍵性的作用；3D 列印速度與材料的結晶與固化速率密切相關；材料的性能直接決定了 3D 列印製品的綜合性能。目前可用於 3D 列印的材料（結構性與功能性材料）依然非常昂貴與稀缺。例如，可用於熔

融沉積成型（Fused Deposition Modeling, FDM）3D 列印的材料只有部分熱塑性高分子材料；可用於光固化成型 3D 列印的材料只有光敏樹脂（世界首臺光固化成型技術的 3D 印表機如圖 1.1 所示）。因此，新型可 3D 列印材料的研究與製備對於 3D 列印在未來的應用與發展意義重大。相比傳統的金屬與無機非金屬材料，高分子材料具有質輕、價廉、易於加工成型與性能易於調節等優勢，在 3D 列印領域具有極大的研究與應用價值。

圖 1.1　世界首臺光固化成型技術 3D 印表機 SLA-250

1.2　3D 列印發展歷史　▶▶▶

　　3D 列印技術的核心製造思想起源於 19 世紀末的美國，到 1980 年代後期，3D 列印技術發展成熟並被廣泛應用。

　　在 1995 年之前，還沒有 3D 列印這個名稱，那時比較為研究領域所接受的名稱是「快速成型」。1995 年，美國麻省理工學院的兩名大四學生吉姆和蒂姆的畢業論文選題是快速成型技術。兩人經過多次討論和探索，想到利用當時已經普及的噴墨印表機。他們把印表機墨盒裡面的墨水替換成膠水，用膠水來黏結粉末床上的粉末，結果可以列印出一些立體的物品。他們將這種列印方法稱作 3D 列印（3D Printing），將他們改裝的印表機稱作 3D 印表機。此後，3D 列印一詞慢慢流行，所有的快速成型技術都歸到 3D 列印的範疇。

　　從 3D 列印思想的提出，到各類 3D 列印原理以及各類 3D 列印的出現，3D 列印技術經歷了一百多年的發展。表 1.1 為 3D 列印技術的發展歷程。

表 1.1　3D 列印技術發展歷程

年份	歷程
1860	法國人 François Willème 申請到了照相雕塑（Photo sculpture）的專利
1892	美國登記了一項採用層結合方法製作三維地圖模型的專利技術
1979	日本東京大學生產技術研究所的中川威雄教授發明了疊層模型造型法

續表

年份	歷程
1980	日本人小玉秀男提出了光造型法
1986	查爾斯成立了一家名為「3D系統」的公司，開始專注發展3D列印技術。這是世界上第一家生產3D列印設備的公司，而它生產的是基於液態光敏樹脂的光聚合原理工作的3D印表機，該技術當時被稱為「立體光刻」
1989	美國人卡爾‧德卡德發明了雷射選區燒結技術，這種技術的特點是選材範圍廣泛，比如尼龍、蠟、ABS樹脂、金屬和陶瓷粉末等都可以作為原材料
1991	美國人赫利塞思發明薄材疊層製造技術

中國的3D列印技術研究起步於1999年，比美國晚了十五年左右，但進步非常顯著。中國航空工業集團有限公司採用雷射3D列印技術生產的大型鈦合金構件，已經成功用在殲-11戰機上。

1.3 3D列印的發展狀況和發展趨勢 ▶▶▶

（1）3D列印的發展狀況

2018年，全球3D列印技術產業產值達到97.95億美元，較2017年增加24.59億美元，同比成長33.5%。全球工業級3D列印設備的銷量近20000臺，同比成長17.8%，其中金屬3D列印設備銷量近2300臺，同比成長29.9%，銷售額達9.49億美元，均價約41.3萬美元。以美國GE公司為代表的航空應用企業開始採用3D列印技術批量化生產飛機引擎配件，並嘗試整機製造，計劃2021年啟用一萬臺金屬3D印表機，顯示了3D列印技術的顛覆性意義。相應地，歐洲及日本等國家和地區也逐漸把3D列印技術納入未來製造技術的發展規劃中，比如歐盟規模最大的研發創新計劃「地平線2020」，計劃7年內（2014—2020年）投資800億歐元，其中選擇10個3D列印項目，總投資2300萬歐元；2014年日本發佈的《日本製造業白皮書》中，將機器人、下一代清潔能源汽車、再生醫療以及3D列印技術作為重點發展領域；2016年，日本將3D列印器官模型的費用納入保險支付範圍；2019年，德國經濟和能源部發佈的《國家工業策略2030》草案中，將3D列印列為十個工業領域「關鍵工業部門」之一。

從技術上看，3D列印已經能夠滿足大部分工業應用場景的需求，比如，3D列印技術可以實現金屬和塑膠零件以及成品的製造，性能與傳統製造工藝相當，金屬零件的強度優於鑄件，略低於鍛件。目前已經解決了原材料製備的問題，所有可焊接的金屬均可使用3D列印技術。

從成本角度看，3D列印已經在航空、航太、軍工、醫療等高價值及高附加值產業中具備了經濟效益。2013年1月，王華明院士獲獎的「飛機鈦合金大型複雜整體構件雷射成形技術」填補了中國空白，也是全世界唯一的大型鈦合金材料3D列印整體成型的技術。中國產大飛機機翼鈑金件的3D列印製造，彌補了中國該類型零件鍛壓工藝的缺陷。空客A320飛機鈦合金艙門鉸鏈通過3D列印技術，實現了輕量化設計和非常規結構零件的製造。GE公司採用3D列印技術製造了航空引擎噴油嘴，一個零件集合了過去多個零件，降低了製造成本。

3D 列印技術目前存在的問題主要是設備成本高、原材料成本高、加工效率低，如 EOS 公司的 M400 型 3D 印表機價格昂貴，列印速度僅 $100cm^3/h$，原材料鈦合金粉末為 3000 元 /kg。正是以上原因導致目前 3D 列印用於大規模生產的成本相對較高，但隨著技術的進步，預計未來 3D 列印成本將會快速降低，性能將大幅提高。

「天問一號」安裝使用了超過 100 個 3D 列印定製的零部件（圖 1.2），其中包含相當數量的金屬 3D 列印零部件。

截至 2021 年 1 月 3 日，中國「天問一號」火星探測器飛行里程已突破 4 億公里，2 月 24 日成功實施第三次近火制動，進入火星停泊軌道。

圖 1.2 3D 列印「天問一號」的部分零部件

（2）發展趨勢

2013 年美國麥肯錫管理顧問公司發佈的「展望 2025」報告中，將積層製造技術列入決定未來經濟的十二大顛覆技術之一。目前，積層製造成型材料包含了金屬、非金屬、複合材料、生物材料甚至是生命材料，成型工藝能量源包括雷射、電子束、特殊波長光源、電弧以及以上能量源的組合，成型尺寸從微奈米到 10m 以上，為現代製造業的發展以及傳統製造業的轉型升級提供了巨大契機。

當前，3D 列印技術正在急劇地改變產品製造的方式，對傳統工藝流程、生產線、工廠模式、產業鏈組合產生深刻影響，催生出大量的新產業、新業態、新模式。

① 桌面級 3D 列印技術向大型化發展。近幾年，桌面級 3D 印表機「叫好又叫座」，銷量呈現大幅成長。根據大數據公司 CONTEXT 的數據，2015 年全球桌面級 3D 印表機銷量成長了 33%，工業級 3D 印表機則下降了 9%；2016 年上半年全球桌面級 3D 印表機銷量同比增加 15%，工業級 3D 印表機下降 15%。桌面級 3D 印表機門檻低、設計簡單。圖 1.3 是全球首款設計師專用 3D 印表機，這是一臺致力於為設計師和藝術家提供藝術級 3D 列印輸出的設備。

縱觀航空航太、汽車製造以及核電製造等工業領域，對鈦合金、高強鋼、高溫合金以及鋁合金等大尺寸複雜精密構件的製造提出了更高的要求。目前現有的金屬 3D 列印設備成型空間難以滿足大尺寸複雜精密工業產品的製造需求，在某種程度上限制了 3D 列印技術的應用範圍。因此，開發大幅面金屬 3D 列印設備將成為一個發展方向。

圖 1.3　奧德萊 (AOD) Artist 桌面級 3D 印表機

　　② 3D 列印材料向多元化發展。3D 列印材料的單一性在某種程度上也制約了 3D 列印技術的發展。以金屬 3D 列印為例，能夠實現列印的材料僅有不鏽鋼、高溫合金、鈦合金、模具鋼以及鋁合金等幾種最為常規的材料。3D 列印仍然需要不斷地開發新材料，使得 3D 列印材料向多元化發展，並能夠建立相應的材料供應體系，這必將極大地拓寬 3D 列印技術應用場合。

　　金屬 3D 列印被稱為「3D 列印王冠上的明珠」，是門檻最高、前景最好、最前沿的技術之一。根據 CONTEXT 發佈的數據，2015 年全球金屬 3D 印表機銷量成長了 35%，2016 年上半年同比成長 17%，金屬 3D 列印可以說是工業級 3D 列印領域逆勢上漲的一朵「奇葩」。

　　2015 年 11 月，奧迪公司使用金屬 3D 列印技術按照 1：2 的比例製造出了 Auto Union（奧迪前身）在 1936 年推出的 C 版賽車的所有金屬部件。布加迪公司於 2018 年初就宣稱已開始研發首批量產型 3D 列印鈦金屬制動鉗（圖 1.4），旨在用於未來車型。

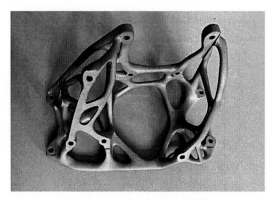

圖 1.4　3D 列印鈦金屬制動鉗

③ 3D 列印成型尺寸向兩邊延伸。隨著 3D 列印應用領域的擴展，產品成型尺寸正走向兩個極端。

一方面往「大」處跨，從家具到建築，尺寸不斷被刷新，特別是汽車製造、航空航太等領域對大尺寸精密構件的需求較大，如 2016 年珠海航展上西安鉑力特公司展示的一款 3D 列印航空引擎中空葉片，總高度達 933 mm。

另一方面向「小」處走，可達到微米甚至奈米水準，在強度硬度不變的情況下，大大減輕產品的體積和質量，如哈佛大學和伊利諾大學的研究員 3D 列印出比砂粒還小的奈米級鋰電池，其能夠提供的能量卻不少於一塊普通的手機電池。

中國 3D 列印的研究起步於 1990 年代，發端於大學，如今已形成清華大學顏永年團隊、北京航空航天大學王華明團隊、西安交通大學盧秉恆團隊、華中科技大學史玉升團隊和西北工業大學黃衛東團隊等骨幹科研力量，論文和申請專利的數量處於世界前列。2016 年 10 月成立了中國增材製造產業聯盟，國家積層製造創新中心建設方案也通過了專家論證。

1.4　複習與思考　▶▶▶

1. 3D 列印的原理是什麼？
2. 目前 3D 列印還存在哪些困難？
3. 3D 列印的發展趨勢有哪些？
4. 3D 列印技術的優點有哪些？選用的列印材料有哪些？

第2章

3D 列印原理

3D 列印常在模具製造、工業規劃等領域用於製造模型，後逐漸用於一些產品的直接製造，目前已經有運用這種技術列印而成的零部件。該技術在珠寶、鞋類、工業規劃、工程和施工、汽車、航空航太、牙科和醫療產業、教育、地理資訊系統、土木工程等領域都有所應用。3D 列印是一個較籠統的概念，根據其工作原理，3D 列印可被細分為光固化成型技術、雷射選區燒結技術、熔融沉積成型技術、薄材疊層製造技術等。

2.1 光固化成型技術（SLA） ▶▶▶

光固化成型技術（Stereo Lithography Apparatus），也常被稱為立體光刻成型技術，簡稱為 SLA，該工藝由 Charles Hull 於 1984 年獲得美國專利，是最早發展起來的快速成型技術。自從 1988 年 3D Systems 公司最早推出 SLA 商品化快速成型機以來，SLA 已成為最為成熟而廣泛應用的快速成型典型技術之一。它以光敏樹脂為原料，通過計算機控制紫外雷射使其凝固成型。這種方法能簡捷、全自動地製造出複雜立體形狀，在加工技術領域中具有劃時代的意義。

2.1.1 光固化成型技術原理

光固化成型技術使用大桶液態光敏樹脂通過紫外（UV）雷射來逐層固化模型，從而依照使用者提供的 3D 數據創建出固態 3D 模型。光固化成型技術流程所適用的快速製造領域較為廣泛。

光固化成型技術的工作原理如圖 2.1 所示，由光源發出的紫外光經掃描轉換系統以一定的波長與光強作用於光敏樹脂，其掃描軌跡即列印製品相應的橫切面。在紫外光的引發下，光敏樹脂發生交聯反應從而固化。當一層的材料發生固化後，工作檯帶著此固化層上升單位高度，此時新的液態樹脂又會快速填滿固化層與原料池底的間隙，然後系統繼續進行下一層的掃描與固化反應。上述「單位高度」即列印製品的「解析度」，顯然，「解析度」越高（單位高度越小），列印製品的表面越光滑。這是一個由點到線，再由線到面，最終由面到體的列印過程。另一種與光固化成型技術類似的基於光固化的 3D 列印技術是數位光處理

（Digital Light Processing, DLP）技術，DLP 每次將目標製品的相應橫截面一次性投影到光敏樹脂上，從而完成一層的固化，然後再逐層固化得到目標製品，是一個由面到體的過程。列印完成以後，一般需要將其表面帶有的未參與固化反應的樹脂單體清洗掉。另外，為了確保列印速度，光敏樹脂在列印過程中的曝光時間有時會受到影響，從而導致最終列印製品內部未完全固化，所以列印製品還需要一個充分曝光於光照後的固化過程。

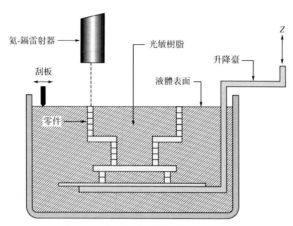

圖 2.1　光固化成型技術的工作原理

　　光固化成型技術是一種非接觸式的 3D 列印技術，所以列印過程非常穩定，所得到的最終製品解析度也很高，而且列印速度快，效率非常高。然而光固化成型技術的系統造價非常昂貴，設備尺寸決定了可列印尺寸，要想獲得較大尺寸的列印製品，設備造價會相當昂貴，其使用與維護成本也相對較高。另外，光固化成型技術耗材只能是液態光敏樹脂，耗材的儲存與運輸要求比較嚴格，並且大部分光敏樹脂會散發出刺激性氣味，對人體有較大傷害。
　　因為樹脂材料具有高黏性，在每層固化之後，液面很難在短時間內迅速流平，這將會影響實體的精度。採用刮板刮切後，所需數量的樹脂便會被十分均勻地塗覆在上一疊層上，這樣經過雷射固化後可以得到較好的精度，使產品表面更加光滑和平整。
　　除了傳統的光固化成型技術外，近年來，以色列 Objet 公司還開發了聚合物噴射技術（Poly Jet）。聚合物噴射技術與傳統的噴墨印表機技術類似，由噴頭將微滴光敏樹脂噴在印表機底部上，再用紫外光層層固化。
　　圖 2.2 為聚合物噴射技術聚合物噴射系統結構，其成型原理跟 SLA、DLP 一樣，由光敏樹脂在紫外光照射下固化。具體列印流程：
　　① 噴頭沿 X/Y 軸方向運動，光敏樹脂噴射在工作檯上，同時 UV 光燈沿著噴頭運動方向發射紫外光對工作檯上的光敏樹脂進行固化，完成一層列印。
　　② 之後工作檯沿 Z 軸下降一個層厚，裝置重複上述過程，完成下一層的列印。
　　③ 重複前述過程，直至工件列印完成。
　　④ 去除支撐結構。

對比傳統的 SLA 列印技術，聚合物噴射技術使用的雷射光斑直徑在 0.06 ～ 0.10mm，列印精度遠高於 SLA。另外，聚合物噴射技術可以使用多噴頭，在列印光敏樹脂的同時，可以使用水溶性或熱熔性支撐材料。而 SLA/DLP 的列印材料與支撐材料來源於同一種光敏樹脂，所以去除支撐時容易損壞列印件。由於可以使用多噴頭，該技術可以實現不同顏色和不同材料的列印。

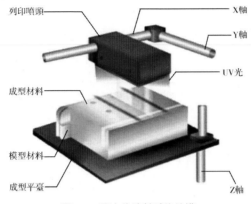

圖 2.2　聚合物噴射系統結構

2.1.2　光固化成型技術工藝過程

光固化成型技術的工藝過程可以歸納為三個步驟：前處理、光固化成型和光固化成型的後處理。

（1）前處理

前處理階段主要是對原型的模型進行數據轉換、擺放方位確定、施加支撐和切片分層，實際上就是為原型的製作準備數據。光固化成型技術的前處理如圖 2.3 所示。

（2）光固化成型

光固化成型過程是在專用的光固化快速成型設備系統上進行。在原型製作前，需要提前啟動光固化快速成型設備系統，使得樹脂材料的溫度達到預設的合理溫度，雷射器點燃後也需要一定的穩定時間。設備運轉正常後，啟動原型製作控制軟體，讀入前處理生成的層片數據（STL 數據）文件。一般來說，疊層製作控制軟體對成型工藝參數都有缺省的設置，不需要每次在原型製作時都進行調整，只是在固化的特殊結構以及雷射能量有較大變化時需要進行相應的調整。此外，在原型製作之前，要注意調整工作檯網板的零位與樹脂液面的位置關係，以確保支撐與工作檯網板的穩固連接。當一切準備就緒後，就可以啟動疊層製作了。整個疊層的光固化過程都是在軟體系統的控制下自動完成的，所有疊層製作完畢後，系統自動停止。

（3）光固化成型的後處理

光固化成型的後處理包括工件的剝離、後固化、修補、打磨、拋光和表面強化處理等。

光固化成型技術的部分後處理過程如圖2.4所示。在光固化快速成型設備系統中對原型疊層製作完畢後，需要進行剝離等後處理工作，以便去除廢料和支撐結構等。對於運用光固化成型技術得到的原型，還需要進行後固化處理等。

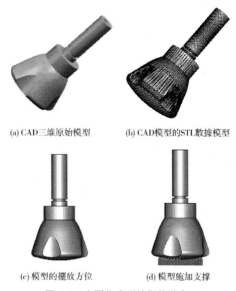

(a) CAD三維原始模型   (b) CAD模型的STL數據模型

(c) 模型的擺放方位   (d) 模型施加支撐

圖 2.3　光固化成型技術的前處理

(a) 晾乾多餘樹脂   (b) 清洗樹脂

(c) 去除支撐   (d) 整體固化

圖 2.4　光固化成型技術的部分後處理過程

2.1.3　光固化成型技術的優缺點

（1）光固化成型技術的優點

① 成型過程自動化程度高。光固化成型系統非常穩定，加工開始後，成型過程可以完全自動化，直至原型製作完成。

② 尺寸精度高。光固化成型原型的尺寸精度可以達到 ±0.1mm。

③ 優良的表面品質。雖然在每層固化時側面及曲面可能出現臺階，但上表面仍可得到玻璃狀的效果。

④ 可以製作結構十分複雜的原型。

（2）光固化成型技術的缺點

光固化成型技術由於使用單一材料，對於複雜結構後期原型上面的支撐很難去除；光敏樹脂相對耐溫性較差，高溫狀態下很難保持形態；成型的原型相對比較脆，容易摔斷。

2.1.4　光固化成型技術的應用

在當前應用較多的幾種快速成型工藝方法中，光固化成型技術由於具有成型過程自動化程度高、製作原型表面品質好、尺寸精度高以及能夠實現比較精細的尺寸成型等特點，得到了較為廣泛的應用。其在概念設計的交流、單件小批量精密鑄造、產品模型、快速模具及直接面向產品的模具等諸多方面廣泛應用於航空航太、汽車、電器、消費品以及醫療等領域。

（1）光固化成型技術在航空航太領域的應用

在航空航太領域，光固化成型原型可直接用於風洞試驗，進行可製造性、可裝配性檢驗。航空航太領域中應用的零件往往是在有限空間內運行的複雜零件，在採用光固化成型技術以後，不但可以基於光固化成型原型進行裝配干涉檢查，還可以進行可製造性討論評估，確定最佳的合理製造工藝。通過快速熔模鑄造、快速翻砂鑄造等輔助技術進行特殊複雜零件（如渦輪、葉片、葉輪等）的單件生產、小批量生產，並進行引擎等部件的試製和試驗。

航空航太領域中引擎上許多零件都是經過熔模鑄造來製造的，對於高精度的母模製作，傳統工藝成本極高且製作時間也很長。採用光固化成型技術，可以直接由 CAD 數位模型製作熔模鑄造的母模，時間和成本可以得到顯著的降低。數小時之內，就可以由 CAD 數位模型得到成本較低、結構又十分複雜的用於熔模鑄造的光固化成型原型母模（圖 2.5）。

利用光固化成型技術可以製作出多種彈體外殼，裝上傳感器後便可直接進行風洞試驗。通過這樣的方法避免了製作複雜曲面模的成本和時間，從而可以更快地從多種設計方案中篩選出最優的整流方案，在整個開發過程中大大縮短了驗證週期，節約了開發成本。此外，利用光固化成型技術製作的導彈全尺寸模型，在模型表面進行相應噴塗後，清晰展示了導彈外觀、結構和戰鬥原理，其展示和講解效果遠遠超出了單純的電腦圖紙模擬方式，可在未正式量產之前對其可製造性和可裝配性進行檢驗。

（2）光固化成型技術在其他製造領域的應用

光固化成型技術除了在航空航太領域有較為重要的應用之外，在其他製造領域的應用也非常廣泛，如汽車、模具製造、電器和鑄造等領域。下面就光固化成型技術在汽車領域的應用作簡要的介紹。

圖 2.5　基於光固化成型技術製備的航空航太領域應用的零部件

　　現代汽車生產的特點是產品的型號多、週期短。為了滿足不同的生產需求，就需要不斷地改型。雖然現代計算機模擬技術不斷完善，可以完成各種動力、強度、剛度分析，但研究開發中仍需要做成實物以驗證其外觀形象、可安裝性和可拆卸性。對於形狀、結構十分複雜的零件，可以用光固化成型技術製作零件原型，以驗證設計人員的設計思想，並利用零件原型作功能性和裝配性檢驗。圖 2.6 展示的是光固化成型技術製備的汽車引擎原型。

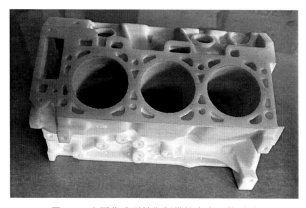

圖 2.6　光固化成型技術製備的汽車引擎原型

光固化成型技術還可在引擎的試驗研究中用於流動分析。流動分析是用來在複雜零件內確定液體或氣體的流動模式。將透明的模型安裝在一簡單的試驗臺上，中間循環某種液體，在液體內加一些細小粒子或細小氣泡，以顯示液體在流道內的流動情況。該技術已成功地用於發動機冷卻系統（氣缸蓋、機體水箱）、進排氣管等的研究。流動分析問題的關鍵是透明模型的製造，用傳統方法時間長、花費大且不精確，而用光固化成型技術結合 CAD 造型僅僅需要 4～5 週的時間，且花費只為傳統方法的 1/3，製作出的透明模型能完全符合機體水箱和氣缸蓋的 CAD 數據要求，模型的表面品質也能滿足要求。

光固化成型技術在汽車行業除了上述用途外，還可以與逆向工程技術、快速模具製造技術相結合，用於汽車車身設計、前後保險槓總成試製、內飾門板等結構樣件或功能樣件試製、賽車零件製作等。

在鑄造生產中，模板、芯盒、壓蠟型、壓鑄模等的製造往往是採用機加工方法，有時還需要鉗工進行修整，費時耗資，而且精度不高。特別是對於一些形狀複雜的鑄件（例如飛機引擎的葉片，船用螺旋槳，汽車、拖拉機的缸體、缸蓋等），模具的製造更是一個巨大的難題。雖然一些大型企業的鑄造廠也備有一些數控機床、仿型銑等高級設備，但除了設備價格昂貴外，模具加工的週期也很長，而且由於沒有很好的軟體系統支持，機床編程也很困難。而光固化成型技術能改善以上問題。

2.1.5　光固化成型技術的研究進展

光固化成型技術自問世以來在快速製造領域發揮了巨大作用，已成為工程界關注的焦點。光固化原型的製作精度和成型材料的性能及成本，一直是該技術領域研究的熱點。很多研究者在成型參數、成型方式、材料固化等方面分析各種影響成型精度的因素，提出了很多提高光固化原型製作精度的方法，如掃描線重疊區域固化工藝、改進的二次曝光法、研究開發用 CAD 原始數據直接切片法、在製件加工之前對工藝參數進行優化等，這些工藝方法都可以減小零件的變形，降低殘餘應力，提高原型的製作精度。此外，光固化成型技術所用的材料為液態光敏樹脂，其性能的好壞直接影響成型零件的強度、韌性等重要指標，進而影響光固化成型技術的應用前景。所以近年來，研究人員在提高成型材料的性能、降低成本方面也做了很多的研究，提出了很多有效的工藝方法，如將改性後的奈米 SiO_2 分散到自由基 - 陽離子混雜型的光敏樹脂中，可以使光敏樹脂的臨界曝光量增大而投射深度變小，使成型件的耐熱性、硬度和彎曲強度有明顯提高；在樹脂基中加入 SiC 晶鬚，可以提高其韌性和可靠性；開發新型的可見光敏樹脂，這種新型樹脂使用可見光便可固化，且固化速度快，對人體危害小，提高生產效率的同時大幅降低成本。

光固化成型技術發展到今天已經比較成熟，各種新的成型工藝不斷涌現。下面從微光固化成型技術和生物醫學領域兩方面展望光固化成型技術。

（1）微光固化成型技術

傳統的光固化成型技術設備成型精度為 ±0.1mm，能夠較好地滿足一般的工程需求。但是在微電子和生物工程等領域，一般要求製件具有微米級或亞微米級的細微結構，而傳統的光固化成型技術已無法滿足這一領域的需求。尤其在近年來，微電子機械系統（Micro Electro-mechanical System，MEMS）和微電子領域的快速發展，使得微機械結構的製造成為

具有極大研究價值和經濟價值的熱點。微光固化成型（Micro Stereo Lithography，μ-SL）技術便是在傳統的光固化成型技術基礎上，面向微機械結構製造需求提出的一種新型的快速成型技術。該技術早在 1980 年代就已經被提出，經過多年的努力研究，已經得到了一定的應用。μ-SL 技術主要包括基於單光子吸收效應的 μ-SL 技術和基於雙光子吸收效應的 μ-SL 技術，可將傳統的光固化成型技術成型精度提高到亞微米級，開拓了快速成型技術在微機械製造方面的應用。但是，絕大多數的 μ-SL 技術成本相當高，因此多數還處於實驗室階段，離實現大規模工業化生產還有一定的距離。因而今後該領域的研究方向為：開發低成本生產技術，降低設備的成本；開發新型的樹脂材料；進一步提高光固化成型技術的精度；建立 μ-SL 數學模型和物理模型，為解決工程中的實際問題提供理論依據；實現 μ-SL 與其他領域的結合，例如生物工程領域等。

（2）生物醫學領域

光固化成型技術為不能製作或難以用傳統方法製作的人體器官模型提供了一種新的方法，基於 CT 圖像的光固化成型技術是應用於假體製作、複雜外科手術的規劃、口腔頜面修復的有效方法。在生命科學研究的前沿領域出現一門新的交叉學科——組織工程，它是光固化成型技術非常有前景的一個應用領域。基於光固化成型技術可以製作具有生物活性的人工骨組織支架，該支架具有很好的機械性能和與細胞的生物相容性，且有利於成骨細胞的黏附和生長。如圖 2.7 所示為用光固化成型技術製備的骨組織支架，該支架可植入人體中取代部分人體組織。

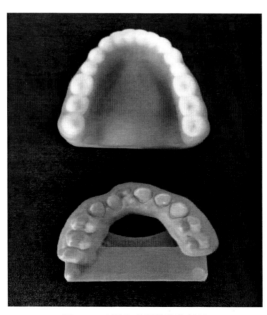

圖 2.7　光固化成型的生物材料

雷射選區燒結技術（SLS） ▶▶▶

雷射選區燒結技術（SLS）採用紅外雷射器作能源，使用的材料多為粉末材料。加工時，首先將粉末預熱到稍低於其熔點的溫度，然後在鋪粉輥的作用下將粉末鋪平，雷射光束在計算機控制下根據分層截面資訊進行有選擇地燒結，一層完成後再進行下一層燒結，全部燒結完後去掉多餘的粉末，就可以得到燒結好的零件。

1989 年，美國得克薩斯大學奧斯汀分校的一個學生 Carl Deckard 在他的碩士論文中首先提出了該技術，並且成功研製出世界上第一臺雷射選區燒結成型機；隨後美國 DTM 公司於 1992 年研製出第一臺使用雷射選區燒結技術、可用於商業化生產的 Sinter Station 2000 成型機，正式將雷射選區燒結技術用於商業化。

用於雷射選區燒結技術的材料是各類粉末，包括金屬、陶瓷、石蠟以及聚合物的粉末，工程上一般採用粒度的大小來劃分顆粒等級。雷射選區燒結技術採用的粉末粒度一般在 50 ～ 125μm 之間。

2.2.1　雷射選區燒結技術原理

雷射選區燒結技術的完整成型工藝裝置包括：CO_2 雷射器、光學系統、掃描鏡、工作檯、粉料送進與回收系統以及鋪粉輥，如圖 2.8 所示。列印前，將 CAD 模型轉為 STL 數據文件，然後將其導入快速成型系統中確定參數（雷射功率、預熱溫度、分層厚度、掃描速度等）。在工作前，先將工作檯內通入一定量的惰性氣體，以防止金屬材料在成型過程中被氧化。工作時，供粉缸活塞上升，鋪粉輥在工作平面上均勻地鋪上一層粉末，計算機根據規劃路徑控制雷射對該層進行選擇性掃描，將粉末材料燒結成一層實體。一層粉末燒結完成後，工作平臺下降一個層厚，鋪粉輥在工作平面上再均勻地鋪上一層新的粉末材料，計算機再根

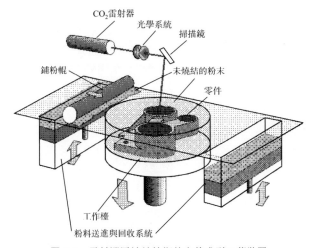

圖 2.8　雷射選區燒結技術的完整成型工藝裝置

據模型該層的切片結果控制雷射對該層截面進行選擇性掃描，將粉末材料燒結成一層新的實體。像這樣逐層疊加，最終形成三維製件。待製件完全冷卻後，取出製件並收集多餘的粉末。

2.2.2 雷射選區燒結技術過程

雷射選區燒結技術使用的材料一般有石蠟、高分子、金屬、陶瓷的粉末和它們的複合粉末。材料不同，其具體的燒結技術也有所不同。

（1）高分子粉末材料的雷射選區燒結技術

高分子粉末材料的雷射選區燒結技術過程同樣分為前處理、成型以及後處理三個階段，如圖 2.9 所示。

圖 2.9　高分子粉末材料的雷射選區燒結技術

① 前處理

前處理主要完成模型的三維 CAD 造型，並經 STL 數據轉換後輸入到雷射選區燒結的快速成型系統中。圖 2.10 是某鑄件的 CAD 模型。

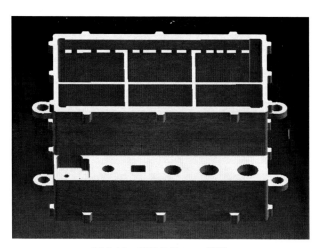

圖 2.10　某鑄件的 CAD 模型

② 成型

首先對成型空間進行預熱。對於聚苯乙烯高分子材料，一般需要預熱到 100℃左右。在預熱階段，根據原型結構的特點進行製作方位的確定，當製作方位確定後，將狀態設置為加

工狀態，如圖 2.11 所示。

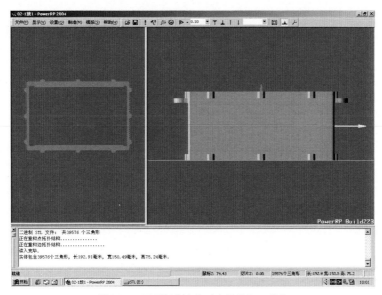

圖 2.11　原型製作方位確定後的加工狀態

　　然後設定成型工藝參數，如層厚、雷射掃描速度和掃描方式、雷射功率、燒結間距等。當成型區域的溫度達到預定值時，便可以啟動製作了。在製作過程中，為確保製件燒結質量，減少翹曲變形，應根據截面變化相應地調整粉料預熱的溫度。

　　所有粉層自動燒結疊加完畢後，需要將原型在成型缸中緩慢冷卻至 40℃ 以下，取出原型並進行後處理。

　　③ 後處理

　　雷射選區燒結後的聚苯乙烯原型件強度很弱，需要根據使用要求進行滲蠟或滲樹脂等補強處理。該原型用於熔模鑄造，所以進行滲蠟處理，滲蠟後的鑄件原型如圖 2.12 所示。

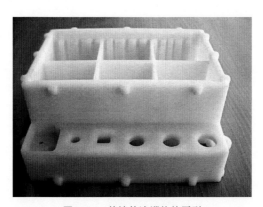

圖 2.12　某鑄件滲蠟後的原型

（2）金屬零件間接燒結技術

在廣泛應用的幾種快速成型技術中，只有雷射選區燒結技術可以通過直接或間接地燒結金屬粉末來製作金屬材質的原型或零件。金屬零件間接燒結技術使用的材料為混合了樹脂材料的金屬粉末材料，雷射選區燒結技術主要實現包裹在金屬粉末表面樹脂材料的黏結。其技術過程如圖 2.13 所示。由圖中可知，整個工藝過程主要分三個階段：一是雷射選區燒結原型件製作，二是褐件製作，三是金屬熔滲後處理。

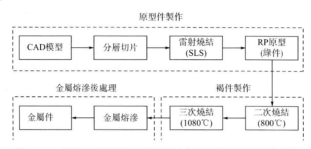

圖 2.13　基於雷射選區燒結技術的金屬零件間接燒結技術過程

① 雷射選區燒結原型件製作關鍵技術

a. 選用合理的粉末配比：環氧樹脂與金屬粉末的比例一般控制在 1：5 與 1：3 之間。

b. 加工工藝參數匹配：粉末材料的性質、掃描間隔、掃描層厚、雷射功率以及掃描速度等。

② 褐件製作關鍵技術

燒結溫度和時間：燒結溫度應控制在合理範圍內，燒結時間應適宜。

③ 金屬熔滲後處理關鍵技術

選用合適的熔滲材料及工藝：滲入金屬必須比褐件中金屬的熔點低。

2.2.3　雷射選區燒結技術的優缺點

雷射選區燒結技術的優點：

① 材料適應性廣。理論上說，能用於雷射選區燒結技術的材料涵蓋所有加熱後能夠形成原子鍵的粉末材料。

② 材料利用率高，未燒結的粉末可反覆使用。

③ 無須支撐結構。

雷射選區燒結技術的缺點：

① 原型結構疏鬆、多孔，且有內應力，製作時易變形。

② 燒結件後處理較難。

③ 原型表面粗糙多孔，而且受限於粉末顆粒大小和雷射光斑。

④ 成型過程中由於毒害氣體和粉塵的產生，會汙染環境。

2.2.4　雷射選區燒結技術的應用

比較成熟的雷射選區燒結技術多利用光纖雷射器，在成型艙內充氮氣或者氫氣，置於高溫狀態下使金屬粉末熔化。具體而言，為使雷射器壽命延長，通常利用陣鏡系統的移動使雷射光斑移動到指定的位置，達到燒結的目的。雷射選區燒結技術常用的領域主要有航空航太業、模具製造業和醫療行業。

（1）航空航太業

利用雷射選區燒結技術可以製作極其複雜的內部結構，達到減重、提升效率等目的，使得設計不再受到製造方式的約束。在鈦合金等高強度合金複雜零部件的加工方面，雷射選區燒結技術的效率和性價比大大優於傳統鑄造、機加工等方式。該技術在歐美的民機軍機系統都有大量的應用。

（2）模具製造業

雷射選區燒結技術在冷卻水道、熱流道等方面突破了傳統技術的束縛，使模具的加工效率、質量、使用壽命等大大提高。特別是在歐洲，中小型模具已經大量使用該技術，既提高了效率，也達到了低碳製造的目的。圖 2.14 為雷射選區燒結製造的高爾夫球桿零件以及生產的模具。

圖 2.14　雷射選區燒結製造的高爾夫球桿零件以及生產的模具

（3）醫療行業

雷射選區燒結技術在牙科、植入體、醫療器械等方面都有廣泛的應用。以 EOS M280 設備為例，其可以在 24h 生產 450 ～ 500 個鈷鉻合金義齒，約等於傳統方式 100 個工人的產能，且在能耗方面遠低於傳統的鑄造模式。圖 2.15 顯示的是雷射選區燒結加工的骨科生物支架。

2.2.5　雷射選區燒結技術的研究進展

成型材料對雷射選區燒結技術成型件的尺寸精度、力學性能及使用性能等起著決定性的作用。目前用於雷射選區燒結技術的成型材料主要包括金屬基粉末、陶瓷基粉末和高分子基粉末等。

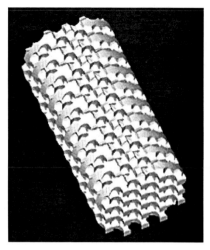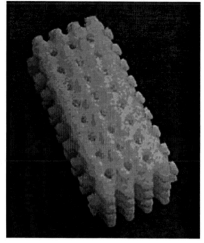

圖 2.15　雷射選區燒結加工的骨科生物支架

（1）金屬基粉末

陳鋒等採用雷射選區燒結技術製備鎢銅藥型罩骨架，經過滲銅處理獲得接近全緻密的鎢銅藥型罩，通過打靶試驗發現其與常規射孔彈相比穿深提高了 52%。Hong 等成功採用 SLS 技術燒結 Ag 奈米粒子製備了金屬網格透明導體材料，實驗證明該導體材料具有良好的機械性能和導電性能，開拓了雷射選區燒結技術在導電材料中的應用。雖然直接法可使金屬成型零件接近理論密度，但成型件中的孔隙仍難以完全消除，需要通過冗長的後處理來提升零件的性能。然而由於工藝和設備的持續改善，基於金屬粉末完全熔化的雷射選區燒結技術得以實現，其在高性能金屬零件的直接製造上具有顯著優勢，成為金屬積層製造的主要方法。

（2）陶瓷基粉末

陶瓷材料具有耐高溫、強度高、物理化學性質穩定等優點，應用範圍較廣。目前常用的陶瓷材料有 Al_2O_3、SiC、TiC、Si_3N_4、ZrO_2 和磷酸三鈣生物陶瓷（TCP）。在雷射選區燒結過程中，陶瓷粉料本身的燒結溫度較高，雷射對粉末顆粒的輻射時間較短，導致難以直接利用雷射使陶瓷粉末連接。因此需要向陶瓷粉末中添加黏結劑，通過黏結劑的融化完成陶瓷粉末燒結。

目前國外研究陶瓷相粉料的製備方法主要分為 3 種，分別是直接將陶瓷粉料與黏結劑混合、將黏結劑包覆在陶瓷粉料表面以及將陶瓷粉料進行表面改性後再與黏結劑混合。其中，覆膜陶瓷粉末由於顆粒分佈更均勻，流動性更好，且黏結劑已潤濕陶瓷顆粒表面，因而其雷射選區燒結技術成型件具有更高的力學性能。對於覆膜陶瓷粉末的研發工作也已在中北大學、華中科技大學等展開。此外，黏結劑的種類、黏結劑的引入方式以及黏結劑的加入量對於成型精度和成型件的強度有著重要影響。Nelson 等採用雷射選區燒結技術成型 SiC 時，分別以聚甲基丙烯酸甲酯（PMMA）和聚碳酸酯（PC）為黏結劑，研究發現相對於採用 PC 作黏結劑的成型件，用 PMMA 作黏結劑的成型件的精度有所提高。Xiong 等發現使用聚己內醯胺

和 $NH_4H_2PO_4$ 的複合黏結劑得到的 SiC 成型件的質量比使用單一聚己內酰胺黏結劑的高。近年來發展起來的以陶瓷漿料為基礎的雷射選區燒結技術能夠成型高緻密度的陶瓷零件，具有更廣泛的應用前景。Yen 用矽溶膠和聚乙烯醇（PVA）作為黏結劑，再混合去離子水製備 SiO_2 陶瓷漿料，經雷射掃描後得到的陶瓷製件不僅緻密度高，而且表面品質也得到了改善。

此外，通常雷射選區燒結技術製備的陶瓷件坯體密度較低，力學性能也較差，還需要對坯體進行熔滲、熱等靜壓和脫脂、高溫燒結等後處理。史玉升等通過溶劑沉澱法將黏結劑尼龍 -12 覆膜至奈米氧化鋯粉末的表面，再對複合粉末進行雷射選區燒結技術——冷等靜壓成型、脫脂和高溫燒結，最終陶瓷製件的緻密度大於 97%，維氏硬度達 1180HV。魏青松等研究了 SLS 技術和高溫燒結工藝對菫青石（$2MgO \cdot 2Al_2O_3 \cdot 5SiO_2$）陶瓷強度和孔隙率的影響規律，並且應用優化工藝成型出複雜多孔菫青石陶瓷，其可滿足車載蜂窩陶瓷催化劑載體抗壓強度和孔隙率要求，如圖 2.16 所示。

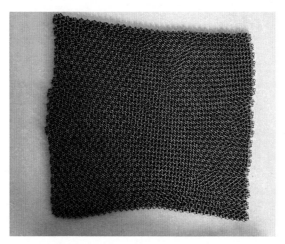

圖 2.16　SLS 技術結合高溫燒結工藝成型的複雜多孔菫青石陶瓷

（3）高分子基粉末

高分子材料與金屬、陶瓷材料相比，具有成型溫度低、燒結所需的雷射功率小等優點，且工藝條件相對簡單。因此，高分子基粉末成為 SLS 技術中應用最早和最廣泛的材料。已用於雷射選區燒結技術的高分子材料主要是非結晶性和結晶性熱塑性高分子材料及其複合材料。其中非結晶性高分子材料包括聚碳酸酯（PC）、聚苯乙烯（PS）、高抗衝聚苯乙烯（HIPS）等。非結晶性高分子材料在燒結過程中因黏度較高，造成成型速率低，使成型件呈現低緻密性、低強度和多孔隙的特點。由此，史玉升等通過後處理浸滲環氧樹脂等方法來提高 PS 或 PC 成型件的力學性能，最終製件能夠滿足一般功能件的要求。雖然非結晶性高分子成型件的力學性能不高，但其在成型過程中不會發生體積收縮現象，能保持較高的尺寸精度，因而常被用於精密鑄造。如 EOS 公司和 3D Systems 公司以 PS 粉為基體分別研製出 Prime Cast100 型號和 Cast Form 型號的粉末材料，用於熔模鑄造。廖可等通過浸蠟處理來提高 PS

燒結件的表面光潔度和強度，之後採用熔模鑄造工藝澆注成結構精細、性能較高的鑄件。

　　3D Systems 公司和 EOS 公司都將聚醯胺（PA）粉末作為雷射選區燒結的主導材料，並推出了以 PA 為基體的多種複合粉末材料，如 3D Systems 公司推出以玻璃微珠作填料的尼龍粉末 DuraFo、rm GF，EOS 公司推出碳纖維 / 尼龍複合粉末 CarbonMide，等。中國湖南華曙高科也基於 PA 重點研發出多種複合粉末材料，並成功應用於航太和汽車零部件製造，華曙高科採用 PA 複合粉末材料成型的複雜零部件見圖 2.17。

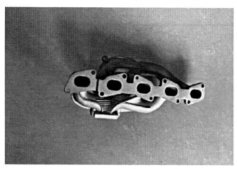

圖 2.17　華曙高科採用 PA 複合粉末材料成型的複雜零部件

2.3　熔融沉積成型技術（FDM） ▶▶▶

　　熔融沉積成型（Fused Deposition Modeling, FDM）技術是由美國學者 Scott Crump 於 1988 年研製成功的。

　　熔融沉積成型技術是一種將各種熱熔性的絲狀材料（蠟、ABS 和尼龍等）加熱熔化成型的方法，是 3D 列印技術的一種，又可稱為熔絲成型（Fused Filament Modeling，FFM）或熔絲製造（Fused Filament Fabrication，FFF）。熱熔性材料的溫度始終稍高於固化溫度，而成型部分的溫度稍低於固化溫度。熱熔性材料擠出噴嘴後，隨即與前一個層面熔結在一起。一個層面沉積完成後，工作檯按預定的增量下降一個層的厚度，再繼續熔噴沉積，直至完成整個實體零件。

2.3.1　熔融沉積成型技術原理

　　熔融沉積成型技術先用 CAD 軟體構建出物體的 3D 立體模型圖，將物體模型圖輸入到熔融沉積成型的裝置中。熔融沉積成型裝置的噴嘴會根據模型圖，一層一層移動，同時熔融沉積成型裝置的加熱頭會注入熱塑性材料［ABS（丙烯腈 - 丁二烯 - 苯乙烯共聚物）樹脂、聚碳酸酯、PPSF（聚苯碸）樹脂、聚乳酸和聚醚酰亞胺等］。材料被加熱到半液體狀態後，在電腦的控制下，熔融沉積成型裝置的噴嘴就會沿著模型圖的表面移動，將熱塑性材料擠壓出來，在該層中凝固形成輪廓。熔融沉積成型裝置會使用兩種材料來執行列印的工作，分別是用於構成成品的建模材料和用作支撐的支撐材料，通過噴嘴垂直升降，材料層層堆積凝固後，就能由下而上形成一個 3D 列印模型的實體。列印完成的實體，就能進行最後的步驟，剝除固定在零件或模型外部的支撐材料或用特殊溶液將其溶解，即可使用該零件。圖 2.18 為熔融沉積成型技術原理示意圖。

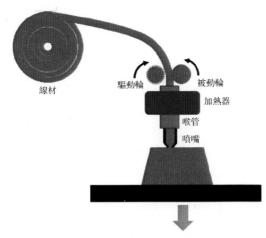

圖 2.18　熔融沉積成型技術原理示意圖

2.3.2　熔融沉積成型技術過程

　　熔融沉積成型技術過程主要包括：建立三維實體模型、STL 文件數據轉換、分層切片加入支撐、逐層熔融沉積製造和後處理，如圖 2.19 所示。

（1）建立三維實體模型

　　設計人員根據產品的要求，利用計算機輔助設計軟體設計出三維 CAD 模型。常用的設計軟體有：Pro/Engineer、SolidWorks、MDT、AutoCAD、UG 等。

建立三維實體模型 → STL文件數據轉換 → 分層切片加入支撐 → 逐層熔融沉積製造 → 後處理

圖 2.19　熔融沉積成型技術過程

（2）STL 文件數據轉換

用一系列相連的小三角平面來逼近曲面，得到 STL 格式的三維近似模型文件。許多常用的 CAD 設計軟體都具有這項功能。

（3）分層切片加入支撐

由於快速成型是將模型按照一層層截面加工纍加而成的，所以必須將 STL 格式的三維 CAD 模型轉化為快速成型系統可接受的層片模型。

（4）逐層熔融沉積製造

產品的製造包括兩個方面：支撐製作和實體製作。

（5）後處理

熔融沉積成型的後處理主要是對原型進行表面處理。去除實體的支撐部分，對部分實體表面進行處理，使成型精度、表面粗糙度等達到要求。但是，成型的部分複雜和細微結構的支撐很難去除，在處理過程中會出現損壞成型表面的情況，從而影響成型的表面品質。於是，1999 年 Stratasys 公司開發出水溶性支撐材料，有效地解決了這個難題。目前，中國自行研發的熔融沉積成型技術的支撐材料還無法做到這一點，成型的後處理仍然是一個較為複雜的過程。

2.3.3　熔融沉積成型技術的優缺點

熔融沉積成型技術之所以能夠得到廣泛應用，主要是因為其具有其他快速成型技術所不具備的優勢，具體表現為以下幾方面。

① 成型材料廣泛。熔融沉積成型技術所應用的材料種類很多，主要有聚乳酸（PLA）、ABS、尼龍、石蠟、鑄造蠟、人造橡膠等熔點較低的材料，及低熔點金屬、陶瓷等絲材，可以用來製作金屬材料的模型件或 PLA 塑膠、尼龍等零部件和產品。

② 成本相對較低。因為熔融沉積成型技術不使用雷射，與其他使用雷射器的快速成型技術相比較，它的製作成本很低。除此之外，其原材料利用率很高，並且幾乎不產生任何汙染，而且在成型過程中沒有化學變化的發生，在很大程度上降低了成型成本。

③ 後處理過程比較簡單。熔融沉積成型技術所採用的支撐結構一般很容易去除，尤其是模型的變形比較微小時，原型的支撐結構只需要經過簡單的剝離就能直接使用。出現的水溶性支撐材料也使支撐結構更易剝離。

此外，熔融沉積成型技術還有以下優點：用石蠟成型的製件，能夠快速直接地用於熔模鑄造；能製造任意複雜外形曲面的模型件；可直接製作彩色的模型製件。

當然，和其他快速成型技術相比較，熔融沉積成型技術在以下方面還存在一定的不足：

① 只適用於中小型模型件的製作。

② 成型零件的表面條紋比較明顯。

③ 厚度方向的結構強度比較薄弱。因為擠出的絲材是在熔融狀態下進行層層堆積，而相鄰截面輪廓層之間的黏結力是有限的，所以成型製件在厚度方向上的結構強度較弱。

④ 成型速度慢，成型效率低。在成型加工前，由於熔融沉積成型技術需要設計並製作支撐結構，同時在加工的過程中，需要對整個輪廓的截面進行掃描和堆積，因此需要較長的成型時間。

2.3.4　熔融沉積成型技術的應用

熔融沉積成型技術已被廣泛應用於汽車、機械、航空航太、家電、通訊、電子、建築、醫學、玩具等領域的產品的設計開發過程，如產品外觀評估、方案選擇、裝配檢查、功能測試、使用者看樣訂貨、塑膠件開模前校驗設計以及少量產品製造等，用傳統方法需幾個星期、幾個月才能製造的複雜產品原型，用熔融沉積成型技術無需任何刀具和模具，短時間內便可完成。

（1）汽車工業

隨著汽車工業的快速發展，人們對汽車輕量化、縮短設計週期、節省製造成本等方面提出了更高的要求，而 3D 列印技術的出現為滿足這些需求提供了可能。2013 年，世界首款 3D 列印汽車 Urbee 2 面世（圖 2.20），徹底打開了 3D 列印技術在汽車製造領域應用的大門。在汽車生產過程中，大量使用熱塑性高分子材料製造裝飾部件和部分結構部件。與傳統加工方法相比，熔融沉積成型技術可以大大縮短這些部件的製造時間，在製造結構複雜部件方面更是將優勢展現得淋漓盡致。利用熔融沉積成型技術生產的汽車零部件包括後視鏡、儀表盤、出口管、卡車擋泥板、車身格柵、門把手、光亮飾、換擋手柄模具型芯、冷卻水道等。其中，冷卻水道採用傳統的製造方法幾乎無法實現，而採用熔融沉積成型技術製造的冷

圖 2.20　世界首款 3D 列印汽車 Urbee 2

卻系統，冷卻速度快，部件質量明顯提高。此外，熔融沉積成型技術還可以進行多材料一體製造，如輪轂和輪胎一體成型，輪轂部分採用丙烯腈 - 丁二烯 - 苯乙烯樹脂，輪胎部分採用橡膠材料。

目前，在汽車零件製造方面，已經有百餘種零件能夠採用熔融沉積成型技術進行大規模生產，而且可製造零件種類和製造速度這兩個關鍵數值仍在繼續上升。在賽車等特殊用途汽車製造方面，個性化設計以及車體和部件結構的快速更新的需求也將進一步推進 FDM 技術在汽車製造領域的發展和應用。

（2）航空航太

隨著人類對天空以及地球外空間的逐步探索，進一步減輕太空船的質量就成為設備改進與研發的重中之重。採用熔融沉積成型技術製造的零件由於所使用的熱塑性工程塑膠密度較低，與使用其他材料的傳統加工方法相比，所製得的零件質量更輕，符合太空船改進與研發的需求。在飛機製造方面，波音公司和空客公司已經應用熔融沉積成型技術製造零部件。例如，波音公司應用熔融沉積成型技術製造了包括冷空氣導管在內的 300 種不同的飛機零部件；空客公司應用熔融沉積成型技術製造了 A380 客艙使用的行李架。

（3）醫療衛生

在醫療行業中，一般患者在身體結構、組織器官等方面存在一定差異，醫生需要採用不同的治療方法、使用不同的藥物和設備才能達到最佳的治療效果，而這導致治療過程中往往不能使用傳統的量產化產品。熔融沉積成型技術個性化製造這一特點則符合了醫療衛生領域的要求。目前，熔融沉積成型技術在醫療衛生領域的應用以人體模型製造和人造骨移植材料為主。

精確列印器官等人體模型的作用並不只局限於提高手術效果。在當今供體越發稀少和潛在供體不匹配等情況下，通過熔融沉積成型技術製造的外植體為解決這一緊急問題提供了一種全新的方法。例如，2013 年 3 月，美國 OPM 公司列印出聚醚醚酮（PEEK）材料的骨移植物（圖 2.21），並首次成功地替換了一名患者病損的骨組織；荷蘭烏特勒支藥學研究所利用羥甲基乙交酯（HMG）與 ε- 己內酯的共聚物（PHMGCL），通過熔融沉積成型技術得到 3D 組織工程支架；新加坡南洋理工大學僅用聚 ε- 己內酯（PCL）也製造出可降解的 3D 組織工程支架。

2.3.5 熔融沉積成型技術的研究進展

熔融沉積成型技術已經在諸如汽車製造、航空航太、醫療衛生和教育教學等多個領域內取得了非常好的實際運用效果。綜合來看，個性化生產是熔融沉積成型技術區別於傳統成型技術最為突出的特點，也是以上所有行業最終選擇熔融沉積成型技術的最重要的原因之一。而相較於其他 3D 列印技術，FDM 技術具有原理簡單、印表機結構簡潔、作為列印材料的熱塑性工程塑膠相比於雷射選區燒結技術和光固化成型技術所使用的粉狀原料更易使用及儲存等優點，這些都是熔融沉積成型技術被廣泛使用的原因。

可以預見，熔融沉積成型技術在現有應用領域的前景仍十分廣闊。以航太應用為例，目前熔融沉積成型技術僅能實現艙內小尺寸物體列印，但隨著材料、設備和列印技術的進步，

熔融沉積成型技術有望實現艙外大尺寸結構部件的 3D 列印，包括艙體、衛星甚至空間站。而且，在太空特殊環境下，熔融沉積成型技術將來有可能實現材料回收再利用，解決太空原材料輸送成本高、廢棄物品形成太空垃圾等諸多問題。

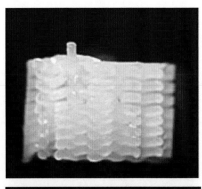

圖 2.21　3D 列印聚醚醚酮（PEEK）材料的骨移植物

　　隨著技術的進步，熔融沉積成型技術應用會越來越廣泛，應用的領域也會逐漸增多，但是有些應用領域在目前條件下尚不具備成熟技術，例如微觀熔融沉積成型技術。如果微觀熔融沉積成型技術未來成為可能，在材料微結構設計成型方面將實現跨越式發展。

2.4　薄材疊層製造技術（LOM）▶▶▶

　　薄材疊層製造技術（Laminated Object Manufacturing，LOM）是幾種最成熟的快速成型製造技術之一。這種製造方法和設備自 1991 年問世以來，得到迅速發展。由於薄材疊層製造技術多使用紙材，成本低廉，製件精度高，而且製造出來的木質原型具有外在的美感性和一些特殊的質量，因此受到了較為廣泛的關注，在產品概念設計可視化、造型設計評估、裝配檢驗、熔模鑄造型芯、砂型鑄造木模、快速製模母模以及直接製模等方面得到了迅速應用。

2.4.1　薄材疊層製造技術原理

薄材疊層製造技術的原理示意圖如圖 2.22 所示。薄材疊層製造技術系統由計算機、原材料儲存及送進機構、熱黏壓機構、雷射切割系統、可升降工作檯及數控系統和機架等組成。首先在工作檯上製作基底，然後工作檯下降，送料滾筒送進一個步距的紙材，工作檯回升，熱壓滾筒滾壓背面塗有熱熔膠的紙材，將當前疊層與原來製作好的疊層或基底黏貼在一起，切片軟體根據模型當前層面的輪廓控制雷射器進行層面切割，逐層製作，當全部疊層製作完畢後，再將多餘廢料去除。

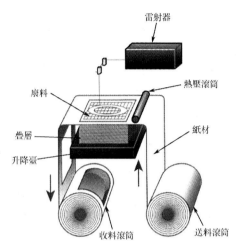

圖 2.22　薄材疊層製造技術的原理示意圖

2.4.2　薄材疊層製造技術過程

薄材疊層製造技術的全過程如圖 2.23 所示，可以歸納為前處理、分層疊加、後處理 3 個主要步驟。具體地說，薄材疊層製造技術的過程大致如下。

（1）前處理階段

通過三維造型軟體進行產品的三維模型構造，得到的三維模型轉換為 STL 格式，再將 STL 文件導入到專用的切片軟體中進行切片。

（2）基底製作

由於工作檯需頻繁起降，必須將 LOM 原型的疊件與工作檯牢固連接，這就需要製作基底。通常設置 3 ～ 5 層的疊層作為基底，為了使基底更牢固，可以在製作基底前給工作檯預熱。

（3）原型製作

製作完基底後，快速成型機就可以根據事先設定好的加工工藝參數自動完成原型的加工製作，而工藝參數的選擇與原型製作的精度、速度以及質量有關。其中重要的參數有雷射切

割速度、熱壓滾筒溫度、雷射能量、破碎網格尺寸等。

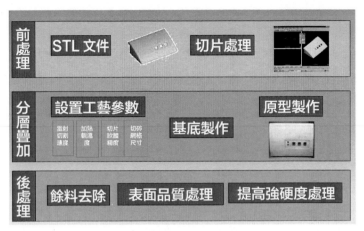

前處理　STL 文件　切片處理

分層疊加　設置工藝參數　基底製作　原型製作
雷射切割速度　加熱製溫度　切片膠體精度　切碎網格尺寸

後處理　餘料去除　表面品質處理　提高強硬度處理

圖 2.23　薄材疊層製造技術的全過程

（4）餘料去除

餘料去除是一個極其煩瑣的輔助過程，它需要工作人員仔細、耐心，並且最重要的是要熟悉製件的原型，這樣在剝離的過程中才不會損壞原型。

（5）後置處理

餘料去除以後，為提高原型表面品質或需要進一步翻製模具，需對原型進行後置處理，如防水、防潮、加固並使其表面光滑等。只有經過必要的後置處理工作，才能滿足原型表面品質、尺寸穩定性、精度和強度等要求。

2.4.3　薄材疊層製造技術優缺點

該技術的優點比較明顯，主要有以下幾點：

① 製件精度高。由於在材料的切割成型中，紙材一直都是固態的，LOM 製件沒有內應力，而且翹曲變形小。在 X 方向和 Y 方向的精度是 0.1 ～ 0.2mm，在 Z 方向的精度是 0.2 ～ 0.3mm。

② 製件硬度高，力學性能良好。該技術的製件可以進行多種切削加工，並承受高達 200℃的溫度。

③ 成型速度較快。該技術不需要對整個斷面進行掃描，而是沿著工件的輪廓由雷射光束進行切割，使得其具有較快的成型速度，因此可以用於結構複雜度較低的大型零件的加工。

④ 支撐結構不需要額外設計和加工，成型過程中的廢料、餘料很容易去掉，不需要進行後固化處理。

該技術的主要缺點有：

① 材料利用率低，無用的空間均成為廢料，喪失了積層製造的優越性。

② 製件原型的抗拉強度和彈性都比較差，且無法直接製作塑膠原型。

③ 需要對製件原型進行防潮後處理，這是因為其原材料為紙材，在潮濕環境下容易膨脹，所以可以考慮用樹脂對製件進行噴塗，防止製件遇潮膨脹。

④ 製件原型還需要進行一些其他的後處理，該技術製作出的原型具有像臺階一樣的紋路，因此只能製作一些結構比較簡單的零件，如果需要用該技術製作複雜的造型，那麼需要在成型後，對製件的表面進行打磨、拋光等。

2.4.4　薄材疊層製造技術應用

隨著汽車製造業的迅速發展，車型更新換代的週期不斷縮短，導致對與整車配套的各主要部件的設計也提出了更高要求。其中，汽車車燈組件的設計，要求在內部結構滿足裝配和使用要求外，其外觀的設計也必須達到與車體外形的完美統一。這些要求使車燈設計與生產的專業廠商傳統的開發手段受到了嚴重的挑戰。快速成型技術的出現，較好地迎合了車燈結構與外觀開發的需求。圖 2.24 為某車燈配件公司為中國某大型汽車製造廠開發的某型號轎車車燈薄材疊層製造技術製作的原型，通過與整車的裝配檢驗和評估，顯著提高了該組車燈的開發效率和成功率。

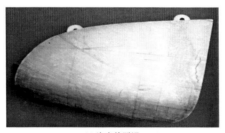
(a) 汽車前照燈

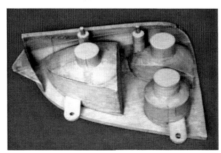
(b) 汽車後尾燈

圖 2.24　薄材疊層製造技術製作的汽車車燈模型

某機床操作手柄為鑄鐵件，人工方式製作砂型鑄造用的木模十分費時困難，而且精度得不到保證。隨著 CAD/CAM 技術的發展和普及，具有複雜曲面形狀的手柄的設計直接在 CAD/CAM 軟體平臺上完成，借助快速成型技術尤其是薄材疊層製造技術，可以直接由 CAD 模型高精度地快速製作砂型鑄造的木模，克服了人工製作的局限和困難，極大地縮短了產品生產的週期並提高了產品的精度和質量。圖 2.25 為鑄鐵手柄的 CAD 模型和薄材疊層

製造原型。

圖 2.25 鑄鐵手柄的 CAD 模型和薄材疊層製造原型

2.5 其他 3D 成型技術 ▶▶▶

2.5.1 噴射成型工藝

噴射成型（Spray Forming）是 1960 年代提出的學術思想，經過多年的發展，1980 年代逐漸成為一種成熟的快速凝固新技術。噴射成型是用快速凝固方法製備大塊、緻密材料的高新科學技術，它把液態金屬的霧化（快速凝固）和霧化熔滴的沉積（熔滴動態緻密化）自然地結合起來，以最少的工序，直接製備整體緻密並具有快速凝固組織特徵的塊狀金屬材料或坯件。

噴射成型技術與傳統的鑄造、鑄錠冶金、粉末冶金相比具有明顯的技術和經濟優勢，近年來被廣泛用於研製和開發高性能金屬材料，如鋁合金、銅合金、特殊鋼、高溫合金、金屬間化合物以及金屬基複合材料等，可製備圓柱形棒料或鑄坯、板材、管件、環形件、覆層管

等不同形狀的成品、半成品或坯料。噴射成型材料已進入產業化應用階段，用於冶金工業、汽車製造、航空航太、電子資訊等多個領域，在國外得到了快速的發展。

　　噴射成型主要由合金熔液的霧化、霧化熔滴的飛行與冷卻、沉積坯的生長三個連續過程構成。其成型過程如圖 2.26 所示，其基本原理為：在高速惰性氣體（氫氣或氦氣）的作用下，將熔融金屬或合金液流霧化成彌散的液態顆粒，並將其噴射到水冷的金屬沉積器上，迅速形成高速緻密的預成型毛坯。

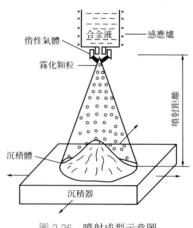

圖 2.26　噴射成型示意圖

　　噴射成型工藝具有以下主要特點：

　　① 噴射成型後的合金具有細小的等軸晶與球狀組織。晶粒大小一般在 10 ～ 100μm。噴射成型製備的合金材料會處於退火狀態，使合金能夠進一步均化和變形。

　　② 生產工序簡單且工藝成本較低。將霧化和沉積成型兩個過程合為一體，可直接通過金屬液體製取快速凝固預成型的毛坯，並大幅簡化了材料的加工製備工序，提高生產效率，降低生產成本。

　　③ 金屬液能增大固溶度，不易被氧化。由於金屬液可以一次成型，因此能夠進一步避免因儲存、運輸等工序導致的合金氧化，減小金屬被汙染的可能性。

　　④ 合金材料本身都會擁有較高的緻密度，金屬霧化液滴會以較高的速度撞擊到最終的沉積盤上，使其能夠很好地結合在一起。

　　⑤ 噴射成型後，合金材料擁有較高的噴射沉積效率。

　　⑥ 過程複雜，工藝參數多。噴射成型中的可控調整參數有近 10 個，過程中的參數則更多，噴射成型工藝各參數之間會產生相互制約並相互影響。

　　噴射成形主要應用在鋼鐵產品以及鋁合金方面。

　　（1）鋼鐵

　　噴射成型工藝在軋輥方面的應用已經表現出突出的優勢。例如，日本住友重工鑄鍛公司利用噴射成型技術使得軋輥的壽命提高了 3 ～ 20 倍。該公司已向實際生產部門提供了 2000

多個型鋼和線材軋輥，最大尺寸為外徑 800mm、長 500mm。該公司正致力於冷、熱條帶軋機使用的大型複合軋輥的直接加工成型研究。

英國製輥公司及 Osprey 金屬公司等單位的一項聯合研究表明，採用芯棒預熱以及多噴嘴技術，能夠將軋輥合金直接結合在鋼質芯棒上，從而解決了先生產環狀軋輥坯，再裝配到軋輥芯棒上的複雜工藝問題，並在 17Cr 鑄鐵和 018V315Cr 鋼的軋輥生產上得到了應用。

噴射成型工藝在特殊鋼管的製備方面也獲得重要進展。比如，瑞典 Sandvik 公司已應用噴射成型技術開發出直徑達 400mm、長 8000mm、壁厚 50mm 的不鏽鋼管及高合金無縫鋼管，而且正在開展特殊用途耐熱合金無縫管的製造。美國海軍部所建立的 5t 噴射成型鋼管生產設備，可生產直徑達 1500mm、長度達 9000mm 的鋼管。噴射成型工藝在複層鋼板方面也顯示出應用前景。Mannesmann Demag 公司採用該工藝已研製出一次成型的寬 1200mm、長 2000mm、厚 8 ～ 50mm 的複層鋼板，具有明顯的經濟性。

（2）鋁合金

① 高強鋁合金。如 Al-Zn 系超高強鋁合金。由於 Al-Zn 系合金的凝固結晶範圍寬，密度差異大，採用傳統鑄造方法生產時，易產生宏觀偏析且熱裂傾向大。噴射成型技術的快速凝固特性可以很好解決這一問題。在已開發國家已被應用於航空航太太空船部件以及汽車引擎的連桿、軸支撐座等關鍵部件。

② 高比強度、高比模量鋁合金。Al-Li 合金具有密度小、彈性模量高等特點，是一種具有發展潛力的航空航太用結構材料。鑄錠冶金法在一定程度上限制了 Al-Li 合金性能潛力的充分發揮。噴射成型快速凝固技術為 Al-Li 合金的發展開闢了一條新的途徑。

③ 低膨脹、耐磨鋁合金。如過共晶 Al-Si 系高強耐磨鋁合金。該合金具有熱膨脹係數低、耐磨性好等優點，但採用傳統鑄造工藝時，會形成粗大的初生 Si 相，導致材料性能惡化。噴射成型的快速凝固特點有效地克服了這個問題。噴射成型 Al-Si 合金已被製成轎車引擎氣缸內襯套等部件。

④ 耐熱鋁合金。如 Al-Fe-V-Si 系耐熱鋁合金。該合金具有良好室溫和高溫強韌性、良好的耐蝕性，可以在 150 ～ 300℃甚至更高的溫度範圍使用，部分替代在這一溫度範圍工作的鈦合金和耐熱鋼，以減輕質量、降低成本。噴射成型工藝可以通過最少的工序直接從液態金屬製取具有快速凝固組織特徵、整體緻密、尺寸較大的坯件，從而可以解決傳統工藝的問題。

⑤ 鋁基複合材料。將噴射成型技術與鋁基複合材料製備技術結合在一起，開發出一種「噴射共成型（Spray Co-deposiion）」技術，很好地解決了增強粒子的偏析問題。

2.5.2　選區雷射熔化技術

選區雷射熔化技術（Selective Laser Melting，SLM）的工作原理與雷射選區燒結技術（SLS）類似。兩者的區別主要在於粉末的結合方式不同，SLS 是一種通過低熔點金屬或者黏結劑的熔化把高熔點的金屬粉末或非金屬粉末黏結在一起的液相燒結方式，SLM 技術主要是將金屬粉末完全熔化，因此其要求的雷射功率密度明顯高於 SLS。圖 2.27 為選區雷射熔化技術的材料、成型過程以及成型產品。

選區雷射熔化技術的工作原理（圖 2.28）是先將零件的三維數模完成切片分層處理並導

入成型設備後，水平刮板首先把薄薄的一層金屬粉末均勻地鋪在基板上，高能量雷射光束按照三維數模當前層的數據資訊選擇性地熔化基板上的粉末，成型出零件當前層的形狀，然後水平刮板在已加工好的層面上再鋪一層金屬粉末，高能雷射光束按照數模的下一層數據資訊進行選擇熔化，如此往復循環直至整個零件完成製造。

圖 2.27　選區雷射熔化技術的材料、成型過程以及成型產品

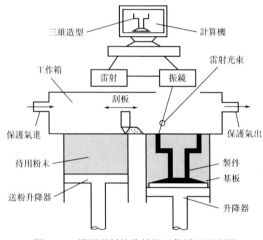

圖 2.28　選區雷射熔化技術工作原理示意圖

2.6　複習與思考 ▶▶▶

　　1. 光固化成型技術的原理是什麼？

　　2. 光固化成型技術常用的材料是什麼？

　　3. 簡述光固化成型技術的工藝過程。

　　4. 光固化成型技術的優缺點是什麼？

　　5. 簡述雷射選區燒結技術的成型原理。

6. 簡述雷射選區燒結技術的工藝過程。

7. 雷射選區燒結技術的優缺點有哪些？

8. 雷射選區燒結技術常用的材料有哪些？

9. 簡述熔融沉積成型技術的原理。

10. 簡述熔融沉積成型技術的工藝過程。

11. 簡述熔融沉積成型技術的優缺點。

12. 簡述熔融沉積成型技術應用範圍。

13. 簡述薄材疊層製造技術的工藝原理。

14. 簡述薄材疊層製造技術的工藝過程。

15. 簡述薄材疊層製造技術的優缺點。

16. 噴射成型的原理是什麼？

17. 選區雷射熔化技術的原理是什麼？該技術與雷射選區燒結技術有什麼區別？

3D 列印材料——高分子材料

高分子化合物是一類由數量巨大的一種或多種結構單元通過共價鍵結合而成的化合物。高分子材料是指以高分子化合物為基礎的材料。

1950 年代以來，高分子材料在國民經濟中得到了迅速的發展，種類日趨繁多，產量不斷增大。以體積產量計算，高分子材料已遠遠超越金屬材料和無機陶瓷材料，位居材料行業的前列。

目前常用的 3D 列印高分子材料有聚醯胺、聚酯、聚碳酸酯、聚乙烯、聚丙烯和丁腈橡膠等。在光固化成型中低聚物的種類繁多，其中應用較多的主要包括如聚氨酯丙烯酸樹脂、環氧丙烯酸樹脂、聚丙烯酸樹脂以及胺基丙烯酸樹脂。

拓展閱讀

圖 3.1 為利用 3D 列印技術加工的體外支撐器具，採用的是聚醚醚酮（PEEK）材料，該材料是 2013 年經美國食品藥品監督管理局（FDA）批准上市的骨植入材料，為一種半結晶高性能聚合物材料，在國際上被認為是未來最有希望取代鈦合金材料成為骨植入物原材料的下一代生物材料之一。相較於金屬材料，PEEK 的密度與彈性模量更接近於原生骨骼本身，降低了術後的不適感，並可以有效緩解應力遮擋效應，對 X 射線透射呈半透明且無磁性。此外，PEEK 材料力學性能優異，化學惰性好，能耐 200℃以上高溫，可反覆高溫消毒。

圖 3.1　3D 列印技術加工的體外支撐器具

高分子材料在一定溫度下具有良好的熱塑性，強度合適，流動性好，價格低廉，是積層製造最主流的應用材料之一，應用於 3D 列印技術的高分子材料主要分為工程塑膠和光敏樹脂兩大類。目前市場上常見的應用比較成熟的高分子材料中，ABS 工程塑膠常用於 FDM 積層製造，強度高，韌性好，耐衝擊，無毒無味，顏色多樣，但其在遇冷時尺寸穩定性差，會收縮引發脫落、翹曲或開裂現象，可以通過複合改性提升 ABS 材料物理機械性能。PC 同 ABS 樹脂相比，機械性能更出色，高強高彈，耐燃，抗疲勞，抗彎曲，尺寸穩定性好，不易收縮變形，在汽車、航太等對製造強度要求較高的工業領域廣泛應用。PLA 是典型的生物塑膠，具有良好的生物降解性和生物相容性，對環境無害。相較於 ABS，PLA 材料熱穩定性好，製作過程中幾乎沒有收縮，列印件為半透明狀，可觀賞性強。但其力學性能較差，可以通過改性研究在一定程度上改善。表 3.1 為常見 3D 列印高分子材料特性。

表 3.1　常見 3D 列印高分子材料特性

名稱	PLA	ABS	PC	PA	PEEK
特點	環保生物降解型材料	熔點高	防刮、防衝擊	性能穩定	耐高溫、耐腐蝕
	原料來源廣泛	冷卻時會收縮	高強度、耐久性好	可生物降解	自潤滑
	熔點低	更易擠出	暴露紫外線下會變得質脆	耐油、耐水、耐磨	韌性、抗疲勞性高
	質脆	具有輕微氣味	尺寸穩定性高	抗菌	可用於複合材料開發

3.1　尼龍材料 ▶▶▶

3.1.1　耐用性尼龍材料

（1）耐用性尼龍材料簡介

尼龍（Nylon）又稱聚醯胺，英文名稱 Polyamide（簡稱 PA），密度 $1.15g/cm^3$，是分子主鏈上含有重複醯胺基團—NH—CO—的熱塑性樹脂總稱，包括脂肪族 PA、脂肪 - 芳香族 PA 和芳香族 PA。其中脂肪族 PA 品種多，產量大，應用廣泛，其命名由合成單體具體的碳原子數而定。尼龍是由美國著名化學家 Carothers 和他的科研小組發明的。

尼龍主要用於合成纖維，其最突出的優點是耐磨性高於其他纖維，比棉花耐磨性高 10 倍，比羊毛高 20 倍。在混紡織物中稍加入一些聚醯胺纖維，可大大提高其耐磨性，當拉伸至 3%～6% 時，彈性回復率可達 100%，能經受上萬次屈撓而不斷裂。

尼龍的不足之處是在強酸或強鹼條件下不穩定，吸濕性強，吸濕後的強度雖比平時強度大，但變形性也大。圖 3.2 和圖 3.3 分別是尼龍線和尼龍網。

尼龍材料還包括一種特殊的耐用性工程塑膠尼龍。一般聚合方法得到的尼龍樹脂的分子量很小，在 2 萬以下，相對黏度為 2.3～2.6，而工程塑膠用的尼龍樹脂的相對黏度要求在 2.8～3.5。分子量較大的工程塑膠尼龍由於其優越的機械性能、良好的潤滑性和穩定性，近年來得到了迅速的發展。3D 列印使用的耐用性尼龍材料，就是一種工程塑膠尼龍。

圖 3.2　尼龍線

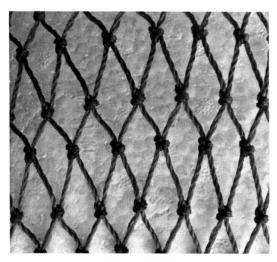

圖 3.3　尼龍網

　　耐用性尼龍材料是一種非常精細的白色粉粒，做成的樣品強度高，同時具有一定的柔性，使其可以承受較小的衝擊力，並在彎曲狀態下抵抗壓力。它的表面是一種沙沙的、粉末的質感，也略微有些疏鬆。耐用性尼龍的熱變形溫度為110℃，主要應用於汽車、家電、電子消費品、醫療等領域。

　　（2）耐用性尼龍材料的性能

　　① 機械強度高，韌性好，有較高的拉伸強度、抗壓強度。拉伸強度接近於屈服強度，比 ABS 高一倍多。對衝擊、應力振動的吸收能力強，衝擊強度比一般塑膠高了許多，並優

於縮醛樹脂。

② 耐疲勞性能突出，製件經多次反覆屈折仍能保持原有機械強度。常見的自動扶梯扶手、新型的腳踏車塑膠輪圈等週期性疲勞作用明顯的部件常見應用 PA。

③ 表面光滑，摩擦係數小，耐磨。作活動機械構件時有自潤滑性，噪聲低，在摩擦作用不太高時可不加潤滑劑使用。如果確實需要用潤滑劑以減輕摩擦或幫助散熱，則水油、油脂等都可選擇。

④ 耐腐蝕。十分耐鹼和大多數鹽液，還耐弱酸、機油、汽油等溶劑，對芳香族化合物呈惰性，可作潤滑油、燃料等的包裝材料。

⑤ 對生物侵蝕呈惰性，有良好的抗菌、抗黴能力。

⑥ 耐熱，使用溫度範圍寬，可在 $-450 \sim +1000\,^{\circ}\!C$ 下長期使用，短時耐受溫度達 $120 \sim 1500\,^{\circ}\!C$。

⑦ 有優良的電氣性能。在乾燥環境下，可作工頻絕緣材料，即使在高濕環境下仍具有較好的電絕緣性。

⑧ 製件質量輕、易染色、易成型。因有較低的熔融黏度，能快速流動。易於充模，充模後凝固點高，能快速定型，故成型週期短，生產效率高。

（3）FDM 技術耗材——尼龍 12

當前，多數國外企業生產、銷售的耐用性尼龍材料都只適合於用雷射選區燒結技術進行加工，而 Stratasys 公司推出的 FDM 尼龍 12 則是一種主要適用於 FDM 列印方式，用於製造具有高機械強度部件的耐用性尼龍材料，從而展現了與眾不同的性能優勢，有望成為 3D 列印用耐用性尼龍材料發展的新方向。

尼龍 12 的密度為 1.02g/cm^3，在尼龍產品中屬於低的；因其醯胺基團含量低，吸水率為 0.25%，也在尼龍中屬於低的。尼龍 12 的熱分解溫度大於 350℃，長期使用溫度為 $80 \sim 90\,^{\circ}\!C$。尼龍 12 膜的氣密性好，水蒸氣通過量為 9g/m^2。尼龍 12 耐鹼、油、無機稀釋酸以及芳烴等。圖 3.4 是採用 FDM 工藝製備的尼龍組件。

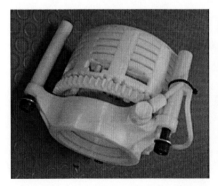 

圖 3.4　採用 FDM 工藝製備的尼龍組件

（4）耐用性尼龍材料在 3D 列印中的應用

耐用性尼龍材料因具有易於加工和上色的優點，在 3D 列印領域得到了廣泛的應用。目前，3D 列印耐用性尼龍材料主要用於製造功能性測試的原型件和不需要工具加工的耐用性成品零件以及滿足廠商需求的精密零件的樣件。

汽車行業用耐用性尼龍材料生產定製工具、夾具和固定裝置，重複卡扣，車床導軌，活動鉸鏈和齒輪，以及用於內飾板、低熱進氣部件和天線蓋的原型。

航空航太中也有尼龍零件的身影，例如，美國公司 Metro Aerospace 最近推出了 3D 列印的玻璃填充尼龍微型葉片，旨在減少阻力。通過這種 3D 列印流程，Metro Aerospace 能夠確保其飛行級組件的一致性。

醫療領域尼龍可用於原型製作、創建教育解剖模型以及生產醫療最終用途部件。BASF公司的 Ultramid 聚醯胺最近被用於生產定製的 3D 列印假肢插座。用碳纖維增強的聚醯胺確保假體保持堅固和輕盈。圖 3.5 是耐用性尼龍材料列印的假肢。

圖 3.5　3D 列印假肢

消費品 3D 列印，也正在充分利用尼龍。從手機殼到可定製的眼鏡，尼龍為各種應用提供靈活的選擇。

3.1.2　玻纖尼龍

（1）玻纖尼龍簡介

玻纖尼龍材料是在尼龍樹脂中加入一定量的玻璃纖維進行增強而得到的塑膠。玻纖尼龍材料具有優良的機械力學性能、耐熱性、尺寸穩定性、自潤滑性和耐磨性、良好的注塑成型性能和著色性能、耐低溫等優點。圖 3.6 為玻纖尼龍快速成型的製品。

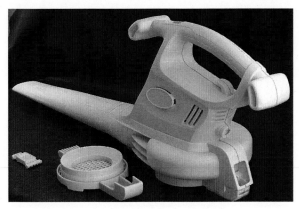

圖 3.6　玻纖尼龍快速成型的製品

　　玻纖尼龍材料主要應用於汽車散熱器格柵、引擎部件、汽車反光鏡骨架、變壓器線圈骨架、電動工具外殼、體育運動器材、機械配件、電梯部件等。

　　目前，玻纖尼龍在許多領域中正逐步替代銅、鋁、鋼鐵等多種金屬材料，節約了大量的金屬和能源。近幾年，從摩擦學角度對玻纖尼龍材料性能的研究逐漸增多，為正確選擇材料提供了更充分的資源。

　　在 3D 列印領域，玻纖的加入提高了尼龍的機械性能、耐磨性能、觸變性能、尺寸穩定性能和抗熱變形性能，有效地改善了尼龍的可加工性，使其更吻合 FDM 的製作方式。但同時，玻纖的加入也增加了製品的表面粗糙度，對於製品的外觀產生不利影響。

　　（2）玻纖尼龍在 3D 列印中的應用

　　① 列印汽車零部件

　　玻纖尼龍材料輕質高強、緊密、結實、可塑性高，在汽車行業中得到廣泛的應用。而當前，在汽車製造領域的應用裡，3D 列印技術在國外已經是相對比較成熟的技術，有很多成功的案例。玻纖尼龍早已被廣泛用於汽車保險槓、軸承等重要零件的製造。圖 3.7 是使用 3D 列印技術製作的汽車歧管。

圖 3.7　使用 3D 列印技術製作的汽車歧管

在汽車領域中，世界首輛 3D 列印汽車原型 Urbee 2 於 2013 年問世，它是世界第一輛純 3D 列印混合動力車，其主要材料是玻纖尼龍。Urbee 2 的整個車身使用 3D 列印技術一體成型，因而具有其他片狀金屬材料所不具有的可塑性和靈活性。整個車的零件列印只需耗時 2500h，生產週期遠遠小於傳統汽車製造週期。此外，玻纖尼龍的低密度保證了車身質量遠遠低於傳統的汽車質量。

② 列印椅子

荷蘭設計師設計出一款叫作高迪椅的 3D 列印作品。這把椅子的骨架採用玻纖尼龍材料，不僅擁有高拉伸強度和尺寸穩定性，還保證了良好的耐熱性。其表面材料選用熱膨脹係數及比強度、比模量等比玻纖更為優越的碳纖維，經過設計師精心打磨，製品晶瑩剔透。

3.2 橡膠類材料 ▶▶▶

3.2.1 橡膠簡介

人們通常會從三大高分子材料（塑膠、橡膠、纖維）之一的地位上來認識橡膠。

橡膠（Rubber）是指具有可逆形變的高彈性聚合物材料，在室溫下富有彈性，在很小的外力作用下能產生較大形變，除去外力後能恢復原狀。橡膠屬於完全無定形聚合物，它的玻璃化轉變溫度（T_g）低，分子量往往很大，大於幾十萬。橡膠分為天然橡膠與合成橡膠兩種。天然橡膠是從橡膠樹、橡膠草等植物中提取膠質後加工製成；合成橡膠則由各種單體經聚合反應而得。橡膠製品廣泛應用於工業或生活各方面。

橡膠的架構主要有三種：線型結構、支鏈結構和交聯結構。

線型結構：未硫化橡膠的普遍結構。由於分子量很大，無外力作用下，大分子鏈呈無規捲曲線團狀。當外力作用，撤除外力，線團的糾纏度發生變化，分子鏈發生反彈，產生強烈的復原傾向，這便是橡膠高彈性的由來。

支鏈結構：橡膠大分子鏈的支鏈聚集，形成凝膠。凝膠對橡膠的性能和加工都不利。在煉膠時，各種配合劑往往進不了凝膠區，形成局部空白，從而形成不了補強和交聯，使凝膠區成為產品的薄弱部位。

交聯結構：線型分子通過一些原子或原子團的架橋而彼此連接起來，形成三維網狀結構。隨著硫化歷程的進行，這種結構不斷加強。這樣，鏈段的自由活動能力下降，可塑性和伸長率下降，強度、彈性和硬度上升，壓縮永久變形和溶脹度下降。

橡膠可以從一些植物的樹汁中取得（如天然橡膠），也可以通過人造得到（如丁苯橡膠等），而兩者均有相當多的應用產品，如輪胎、墊圈等。橡膠類材料顏色多為無色或淺黃色，加炭黑後顯黑色，如圖 3.8 所示。

橡膠行業是國民經濟的重要基礎產業之一。它不僅為人們提供日常生活不可或缺的日用、醫用等輕工業橡膠產品，而且向採掘、交通、建築、機械、電子等重工業和新興產業提供各種橡膠製生產設備或橡膠部件。可見，橡膠行業的產品種類繁多，後向產業十分廣闊。

圖 3.8　天然橡膠和橡膠製品

3.2.2　橡膠的性能

橡膠是一種在外力作用下能發生較大的形變，當外力解除後，又能迅速恢復其原形狀的，能夠被硫化改性的高分子彈性體。其形變高達 500%，在去除外力後仍然能恢復形變。橡膠較柔軟，彈性模量低，一般在 $10^5 \sim 10^7 N/m^2$。橡膠的耐磨性與橡膠的強度和柔韌性有關，橡膠的強度越高，柔韌性越好，其耐磨性越好。橡膠具有很強的自補性，機械性能較好，耐寒、耐鹼性好，但耐臭氧、耐油、耐溶劑都較差。橡膠的種類繁多，不同的橡膠具有不同的特性，常見的橡膠種類及其特性如表 3.2 所示。

表 3.2　常見的橡膠種類及其特性

橡膠種類	概述	特性
丁腈橡膠（NBR）	由丁二烯與丙烯腈經乳液聚合而得的共聚物，稱丁二烯 - 丙烯腈橡膠，簡稱丁腈橡膠	耐油性最好，對非極性和弱極性油類基本不溶脹 耐熱氧老化性能優於天然橡膠、丁苯橡膠等通用橡膠 耐磨性較好，其耐磨性比天然橡膠高 30% ～ 45% 耐化學腐蝕性優於天然橡膠，但對強氧化性酸的抵抗能力較差 彈性、耐寒性、耐屈撓性、抗撕裂性差，變形生熱大 電絕緣性能差，屬於半導體橡膠，不宜作電絕緣材料使用 耐臭氧性能較差 加工性能較差
三元乙丙橡膠（EPDM）	由乙烯、丙烯為基礎單體合成的共聚物	耐老化性能優異，被譽為「無龜裂」橡膠 優秀的耐化學藥品性能 卓越的耐水、耐過熱水及耐水蒸氣性 優異的電絕緣性能 低密度和高填充特性 具有良好的彈性和抗壓縮變形性 不耐油 硫化速度慢，比一般合成橡膠慢 3 ～ 4 倍 自黏性和互黏性都很差，給加工工藝帶來困難
天然橡膠（NR）	植物中的汁液膠乳經加工製成的高彈性固體	具有優良的物理機械性能、彈性和加工性能

橡膠種類	概述	特性
聚氨酯橡膠（PU）	分子鏈中含有較多的胺基甲酸酯基團的彈性材料	拉伸強度比所有橡膠高 伸長率大 硬度範圍寬 撕裂強度非常高，但隨著溫度升高而迅速下降 耐磨性能突出，比天然橡膠高 9 倍 耐熱性好，耐低溫性能較好 耐老化、耐臭氧、耐紫外線輻射性能佳，但在紫外線照射下易褪色 耐油性良好 耐水性不好 彈性比較高，但滯後熱量大，只宜作低速運轉製品及薄製品

3.2.3　橡膠類材料在 3D 列印中的應用

　　3D 列印的橡膠類產品主要有消費類電子產品、醫療設備、衛生用品，以及汽車內飾、輪胎、墊片、電線、電纜包皮和高壓絕緣材料、超高壓絕緣材料等。它們主要適用於展覽與交流模型、橡膠包裹層和覆膜、柔軟觸感塗層和防滑表面、旋鈕、把手、拉手、把手墊片、封條、橡皮軟管、鞋類等。

　　目前，橡膠類材料在 3D 列印中應用非常廣泛，其中有機矽橡膠的使用最為普遍。有機矽橡膠是指分子主鏈以 Si—O 鍵為主，側基為有機基團（主要是甲基）的一類線型聚合物。其結構中既含有有機基團，又含有無機結構，這種特殊的結構使其成為兼具無機和有機性能的高分子彈性體。近年來，矽橡膠工業迅速發展，為 3D 列印材料的選擇提供了方便。有機矽化合物以及通過它們製得的複合材料品種眾多。性能優異的不同有機矽複合材料，已經通過 3D 列印在人們的日常生活中如農業生產、個人護理及日用品、汽車及電子電氣工業等不同領域得到了廣泛的應用。在 3D 列印領域，有機矽橡膠材料因其獨特的性能，成為醫療器械生產的首選（圖 3.9）。

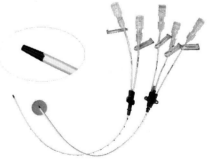

圖 3.9　3D 列印的醫用面罩和醫用導管

　　有機矽橡膠材料手感柔軟，彈性好，且強度較天然橡膠高。例如，在醫療領域裡使用的

喉罩要求很高：罩體必須透明便於觀察；必須能很好地插入到人體喉部，從而與口腔組織接觸；舒適並能反覆使用；保持乾淨清潔。首先，有機矽橡膠外觀透明，可以滿足各種形狀的設計；其次，它與人體接觸舒適，具有良好的透氣性且生物相容性好，易於保持乾淨清潔；再次，它的穩定性比較好，能反覆進行消毒處理而不老化。因此有機矽橡膠已成為3D列印製備喉罩的首選。有機矽黏結劑是有機矽壓敏膠和室溫硫化矽橡膠。其中有機矽壓敏膠透氣性好，長時間使用不容易感染而且容易移除，可作為優良的傷口護理材料。此外，有機矽橡膠還可以用於緩衝氣囊、柔軟劑等製品的生產。

3.3　ABS 材料 ▷▷▷

3.3.1　ABS 材料簡介

ABS（Acrylonitrile-Butadiene-Styrene）是丙烯腈、丁二烯和苯乙烯的三元共聚物，A代表丙烯腈，B代表丁二烯，S代表苯乙烯。ABS樹脂是五大合成樹脂之一，其耐衝擊性、耐熱性、耐低溫性、耐化學藥品性及電氣性能優良，還具有易加工、製品尺寸穩定、表面光澤性好等特點，容易塗裝、著色，還可以進行表面噴鍍金屬、電鍍、焊接、熱壓和黏結等二次加工，廣泛應用於機械、汽車、電子電氣、紡織和建築等工業領域，是一種用途極廣的熱塑性工程塑膠。

ABS為不透明呈象牙色的粒料，無毒、無味、吸水率低並具有90%的高光澤度。ABS同其他材料的結合性好，易於表面印刷、塗層和鍍層處理。

ABS樹脂是目前產量最大、應用最廣泛的聚合物之一，它將聚丁二烯、聚丙烯腈、聚苯乙烯的各種性能優點有機地結合起來，兼具韌、硬、剛相均衡的優良力學性能。另外，ABS樹脂可與多種樹脂配混成共混物，如PC/ABS、ABS/PVC、PA/ABS、聚對苯二甲酸丁二酯（PBT）/ABS等，共混物能產生新性能，用於新的應用領域。在3D列印中，ABS是FDM成型工藝常用的熱塑性工程塑膠。圖3.10為ABS樹脂料粒和製品。

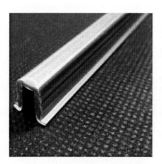

圖 3.10　ABS 樹脂料粒和製品

3.3.2　ABS 材料的性能

ABS 材料的性能主要分為以下幾個方面。

① 常規性能：ABS 塑膠無毒、無味，外觀呈象牙色半透明或透明顆粒或粉狀。密度為 $1.05 \sim 1.18 \mathrm{g/cm^3}$，收縮率為 $0.4\% \sim 0.9\%$，彈性模量值為 2GPa，卜瓦松比為 0.394，吸濕性 <1%，熔融溫度 $217 \sim 237 \mathrm{℃}$，熱分解溫度 >250℃。

② 力學性能：ABS 塑膠有優良的力學性能，衝擊強度極好，可以在極低的溫度下使用；耐磨性優良，尺寸穩定性好，又具有耐油性，可用於中等載荷和低轉速下的軸承。ABS 的耐蠕變性比聚碸（PSF）及 PC 大，但比 PA 及聚甲醛（POM）小。

③ 熱學性能：ABS 塑膠的熱變形溫度為 $93 \sim 118 \mathrm{℃}$，製品經退火處理後還可提高 10℃ 左右。ABS 在 –40℃ 時仍能錶現出一定的韌性，可在 $-40 \sim 100 \mathrm{℃}$ 的溫度範圍內使用。

④ 電學性能：ABS 塑膠的電絕緣性較好，並且幾乎不受溫度、濕度和頻率的影響，可在大多數環境下使用。

⑤ 環境性能：ABS 塑膠不受水、無機鹽、鹼及多種酸的影響，但可溶於酮類、醛類及氯代烴中，受冰乙酸、植物油等侵蝕會產生應力開裂。ABS 的耐候性差，在紫外光的作用下易產生降解；於戶外半年後，衝擊強度下降一半。

3.3.3　ABS 材料在 3D 列印中的應用

ABS 塑膠是 3D 列印的主要材料之一，之所以能成為 3D 列印的耗材，是其特性決定的，ABS 塑膠有耐熱性、抗衝擊性、耐低溫性、耐化學藥品性及電氣性能優良和製品尺寸穩定等特點。目前 ABS 塑膠是 3D 列印材料中最穩定的一種材質。

ABS 材料具有良好的熱熔性和衝擊強度，是熔融沉積成型技術的首選工程塑膠。目前主要是將 ABS 預製成絲、粉末後使用，應用範圍幾乎涵蓋所有日用品、工程用品和部分機械用品，在汽車、家電、電子消費品領域有廣泛的應用。

ABS 材料的列印溫度為 $210 \sim 240 \mathrm{℃}$，加熱板的溫度為 80℃ 以上。ABS 的玻璃化轉變溫度（塑膠開始軟化的溫度）為 105℃。如圖 3.11 所示是用 ABS 材料列印的製品。

3.3.4　可用於 3D 列印的其他 ABS 系列改性材料

為了進一步提高 ABS 材料的性能，並使 ABS 材料更加符合 3D 列印的實際應用要求，人們對現有 ABS 材料進行改性，開發了 ABS-ESD、ABSplus、ABSi 和 ABS-M30i 四種適用於 3D 列印的新型 ABS 改性材料。

中國關於 ABS 的研究主要集中在共混改性、填充改性、聚合改性等方法上，力求改進 ABS 作為 3D 列印材料使用時收縮率大、成型不佳、成本高、應用範圍窄等問題。

（1）ABS-ESD 材料

ESD（Electro-static Discharge）的意思是「靜電放電」。ESD 是 20 世紀中期以來形成的研究靜電的產生、危害及靜電防護等的學科。因此，國際上習慣將用於靜電防護的器材統稱為 ESD。

ABS-ESD 是美國 Stratasys 公司研發的一種理想的 3D 列印用的抗靜電 ABS 材料，材料

熱變形溫度為90℃。該材料具備靜電消散性能，可以用於防止靜電累積，主要用於易被靜電損壞、降低產品性能或引起爆炸的物體。因為 ABS-ESD 可以防止靜電累積，因此它不會導致靜態振動，也不會造成像粉末、塵土和微粒等微小顆粒的表面吸附。該材料是用於電路板等電子產品包裝和運輸的理想材料，廣泛用於電子元件的裝配夾具和輔助工具。圖 3.12 是 ABS-ESD 電子材料及其製品。

圖 3.11　3D 列印的 ABS 的檯燈底座

圖 3.12　ABS-ESD 電子材料及其製品

　　ABS-ESD 良好的強度、柔韌性、彈性、機械加工性、耐高溫性能和較小的密度使其成為 3D 列印常用的熱塑性塑膠。與 PLA 相比，ABS-ESD 更加柔軟，電鍍性更好，但不能生物降解。通常建議 ABS-ESD 材料列印噴嘴溫度為 230 ～ 270℃，底板溫度為 120℃。圖 3.13

是 ABS-ESD 材料列印的工業手板和汽車零件。

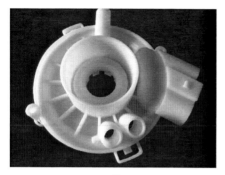

圖 3.13　ABS-ESD 材料列印的工業手板和汽車零件

　　用 ABS-ESD 列印的零部件製造成本極低。當前，汽車維修行業多採用換件修理的方式，在維修過程中一旦出現零件供應不足，3D 列印技術就可以提供幫助，以 ABS-ESD 為原料，採用 FDM 列印成型方法便可滿足上述需要。圖 3.14 是使用 ABS-ESD7 列印的玩具零件。

圖 3.14　ABS-ESD7 列印的玩具零件

（2）ABSplus 材料

ABSplus 材料是 Stratasys 公司研發的專用 3D 列印材料，ABSplus 的硬度比普通 ABS 材

料大 40%，是理想的快速成型材料之一。ABSplus 具有良好的經濟性，設計者和工程師可以重複進行工作、經常性地製作原型以及更徹底地進行測試，從而減少材料浪費。ABSplus 材料價格低廉、非常耐用，能在 FDM 技術的輔助下具有豐富的顏色（象牙色、白色、黑色、深灰色、紅色、藍色、橄欖綠、油桃紅以及螢光黃）供人們選擇，同時也可選擇自定義顏色，讓列印過程變得更有效和有樂趣。使用 ABSplus 標準熱塑性塑膠可以製作出更大面積和更精細的模型。其服務領域涉及航空航太、電子電氣、國防、船舶、醫療、通訊、汽車等（圖 3.15）。

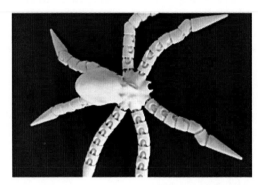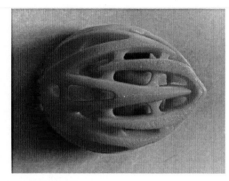

圖 3.15　各類 ABSplus 材料列印的製品

（3）ABSi 材料

ABSi 是具有半透明外觀或透明略帶紅色以及琥珀色的 FDM 材料，該材料比 ABS 多了兩種特性，即具有半透明度以及較高的耐衝擊性，所以命名為 ABSi，i 即代表衝擊（impact）。目前大部分 ABSi 的使用者為汽車行業設計者，主要應用在製作汽車尾燈原型及其他需要能夠讓光線穿透的部件（圖 3.16）。

圖 3.16　半透明的 ABSi 汽車尾燈和轉向燈

（4）ABS-M30i 材料

ABS-M30i 材料顏色為白色，是一種高強度材料，具備 ABS 的常規特性，熱變形溫度接近 100℃。在 3D 列印材料中，ABS-M30i 材料擁有比標準 ABS 材料更好的拉伸性、耐衝擊性及抗彎曲性。ABS-M30i 製作的樣件通過了生物相容性認證，也可以通過 γ 射線照射及 EtO 滅菌測試。ABS-M30i 材料能夠讓醫療、製藥和食品包裝工程師和設計師直接通過 CAD 數據在內部製造出手術規劃模型、工具和夾具。ABS-M30i 材料通過與 FORTUS 3D 成型系統配合，能製造出真正的具備優秀醫學性能的概念模型、功能原型、製造工具及最終零部件的生物相容性部件，是最通用的 3D 列印成型材料。它在食品包裝、醫療器械、口腔外科等領域有著廣泛的應用。圖 3.17 是 ABS-M30i 材料製品。

 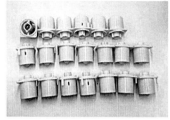 

圖 3.17　ABS-M30i 材料製品

使用 ABS-M30i 材料，利用 3D 列印技術製造人工骨有著其他傳統工藝不可比擬的優勢，例如生產週期短、製品強度高、製造過程無須開模具降低成本、成型件形狀複雜且與設計數據吻合，其高柔性恰好可以滿足人工骨個性化設計製造的要求。在手術中，特別是骨折等手術後，病人往往需要一些支架來固定自己的骨骼，以方便癒合。但是無論是醫生還是患者，他們都會遇到同樣的問題，就是即使是這些支架有不同的長短和形狀，可依舊無法滿足病患個性化的需求，總是不能完美地固定這些斷了的骨骼，甚至這些骨骼還會繼續晃動，如此會降低骨骼的癒合速度和效果。但是現在，隨著 3D 列印技術的到來，已經有學者利用 3D 印表機列印出手臂以及塑膠體外骨架，這個骨架用的是 ABS 塑膠，是一個由鉸鏈金屬條和阻力帶構成的體外骨架，直接產生了增強手臂的作用。

3.4　其他高分子材料

3.4.1　聚乳酸材料

（1）聚乳酸簡介

聚乳酸（PLA）是研究和應用最廣泛的可再生的、可生物降解的熱塑性聚酯，它具有取代傳統石油基高分子材料的潛力。PLA 1930 年代被科學家合成，但直到 1990 年初才實現商業化。合成 PLA 的主要原料為乳酸，它是一種羥基羧酸，可通過細菌發酵從天然可再生資

源中得到。在發酵過程中採用不同的微生物菌種可以獲得左旋乳酸和右旋乳酸。理論上來說，可直接通過乳酸的縮聚反應來合成 PLA，然而，由於縮聚反應中會生成水，因此很難通過縮聚反應得到高分子量 PLA。Nature Works LLC 已經開發了一種低成本的 PLA 連續生產過程。在此過程中，先通過縮合反應形成低分子量的乳酸二聚體丙交酯，然後在催化劑的作用下通過開環聚合將預聚物轉化為高分子量 PLA，它的最終性能高度依賴於左旋乳酸和右旋乳酸之間的比例。

（2）PLA 材料的性能

PLA 作為一種非常具有商業價值的生物質高分子材料，具有眾多優點：

① PLA 不僅可以來自可再生資源如玉米、小麥或大米，而且還可生物降解、可回收和可堆肥，在它的生產製備過程中可以消耗二氧化碳，這些可持續性和生態友好的特性使得 PLA 成為一種有吸引力的生物質高分子材料；

② 由於良好的生物相容性，PLA 在生物醫學領域的應用潛力巨大，PLA 材料被植入生物體內後會水解為可被人體吸收的 α-羥基酸，美國食品藥品監督管理局（FDA）已經批准 PLA 可以在某些人類臨床中應用；

③ 與其他的生物質高分子如聚羥基烷酸酯、聚乙二醇等相比，PLA 具有更好的加工性能，可以採用多種多樣的加工方式進行加工；

④ PLA 的生產過程比石油基高分子材料少消耗 25% ～ 55% 的能源，據估計在未來這一比例可以進一步提高至 60% 以上，較低的能耗使得 PLA 在生產成本方面具有潛在的優勢。

盡管如此，PLA 也存在一些缺點限制了其在某些領域的應用，這些缺點包括：

① PLA 是一種脆性高分子材料，較差的韌性限制了其在高應力水準下需要塑性形變方面的應用，如螺釘和骨折固定板；

② 降解速率通常被認為是生物醫學應用的一個重要評判指標，PLA 緩慢的降解速率導致 PLA 植入物在體內存在的時間較長，有報導稱在植入後近 3 年需再次進行手術移除 PLA 植入物；

③ 純 PLA 與水滴的接觸角約為 80°，是相對疏水的，這導致其較低的細胞黏附性，與生物液體直接接觸可能會引起宿主的炎癥反應；

④ PLA 本身缺乏具有反應活性的側鏈基團，難以對其進行表面改性；

⑤ PLA 的玻璃化轉變溫度較低，大約為 60℃，因而表現出較差的耐熱性能，與其他大多數半結晶聚合物相比，PLA 較慢的結晶速率也是導致其耐熱性能差的一個主要原因，這限制了 PLA 在耐高溫材料領域的應用。

基於上述缺點，人們通常對 PLA 進行改性，包括化學改性、物理改性和表面修飾三大類。PLA 的化學改性主要是將乳酸單體或 PLA 低聚物與其他聚合物單體通過縮聚或開環反應形成共聚物，或在 PLA 的主鏈上引入反應性基團；PLA 的物理改性主要是通過添加增塑劑、與其他聚合物進行共混或與奈米粒子等填料進行複合，以達到預期的機械性能，同時降低生產成本；PLA 的表面修飾涉及在聚合物表面進行塗層，或對聚合物表面進行等離子體處理，來增強 PLA 植入物與細胞之間的相互作用。

由 PLA 製成的產品除能生物降解外，生物相容性、光澤度、透明度、手感和耐熱性也

較好。PLA 還具有一定的抗菌性、阻燃性和抗紫外線性，因此用途十分廣泛，可用作包裝材料、纖維和非織造物等，主要用於服裝（內衣、外衣）、產業（建築、農業、林業、造紙）和醫療衛生等領域。聚乳酸具有良好的物理性能（表 3.3）和力學性能（表 3.4）。

表 3.3　PLA 的物理性能

密度 /(kg/L)	1.20～1.30	玻璃化轉變溫度 /℃	60～65
熔點 /℃	155～185	傳熱係數 /[W/(m² · K)]	0.025
特性黏度 /(dL/g)	0.2～8		

表 3.4　PLA 的力學性能

拉伸強度 /MPa	40～60	Izod 衝擊強度（無缺口）/(J/m)	150～300
斷裂伸長率 /%	4～10	Izod 衝擊強度（有缺口）/(J/m)	20～60
彈性模量 /MPa	3000～4000	洛氏硬度	88
彎曲模量 /MPa	100～150		

（3）PLA 材料在 3D 列印中的應用

由於具有良好的生物相容性、加工性及降解性，PLA 及其複合材料被認為是應用前景最好的新型生物高分子材料。用 PLA 材料 3D 列印的製品外觀表面較光滑，不翹邊，已經被廣泛應用於醫學模型、骨組織修復支架及藥物輸送系統等生物醫學領域。圖 3.18 為以 PLA 為原材料列印的生物可降解支架。

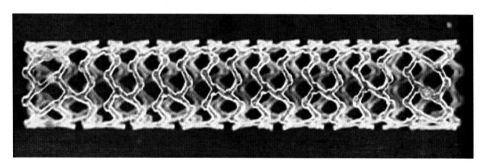

圖 3.18　3D 列印 PLA 生物可降解支架

PLA 材料因其卓越的可加工性和生物降解性，已成為目前市面上所有採用 FDM 技術的桌面型 3D 印表機最常使用的材料。

生物醫藥行業是 PLA 最早開展應用的領域，同時，PLA 也是 3D 列印在生物醫用領域最具發展前景的材料。PLA 對人體高度安全，並可被組織吸收，加之其優良的物理機械性能，可應用在生物醫藥的諸多領域，如一次性輸液工具、免拆型手術縫合線、藥物緩解包裝劑、人造骨折內固定材料、組織修復材料、人造皮膚等。圖 3.19 為 PLA 材料 3D 列印出來的用於骨科手術的螺釘。

圖 3.19　3D 列印的聚乳酸螺釘

　　然而，PLA 作為 3D 列印耗材也有其天然的劣勢。比如，列印出來的物體性脆，抗衝擊能力不足。此外，PLA 的耐高溫性較差，物體列印出來後在高溫環境下就會直接變形，這也在一定程度上影響了 PLA 在 3D 列印中的應用。

3.4.2　聚碳酸酯材料

（1）聚碳酸酯材料簡介

　　聚碳酸酯（簡稱 PC）是一種 1950 年代末期發展起來的無色高透明度的熱塑性工程塑膠，分子鏈中含有碳酸酯基，根據酯基的結構可分為脂肪族、芳香族、脂肪族 - 芳香族等多種類型。其中由於脂肪族和脂肪族 - 芳香族 PC 的機械性能較低，從而限制了其在工程塑膠方面的應用。PC 密度為 $1.20 \sim 1.22 \text{g/cm}^3$，線膨脹率為 $3.8 \times 10^{-5} \text{cm/℃}$，熱變形溫度為 135℃。

　　PC 材料顏色比較單一，只有白色，但其強度比 ABS 材料高出 60% 左右，具備超強的工程材料屬性，廣泛應用於電子消費品、家電、汽車製造、航空航太、醫療器械等領域。PC 具有極高的應力承載能力，適用於需要經受高強度衝擊的產品，因此也常常被用於果汁機、電動工具、汽車零件等產品的製造。圖 3.20 為 PC 粒料和 PC 製品。

（2）PC 材料的性能

　　PC 是一種耐衝擊、韌性高、耐熱性高、耐化學腐蝕、耐候性好且透光性好的熱塑性聚合物，被廣泛應用於眼鏡片、飲料瓶等各種產品。PC 最早由德國拜耳公司於 1953 年研發製得，並在 1960 年代初實現工業化，1990 年代末實現大規模工業化生產，現在已成為產量僅次於聚酰胺的第二大工程塑膠。PC 早期是由雙酚 A 和光氣聚合而成，現在已經不再使用光氣進行生產了。

圖 3.20　PC 粒料和聚碳酸酯製品

① 熱性能

PC 具有很好的耐高低溫性質。PC 在 120℃ 下具有良好的耐熱性，其熱變形溫度達 135℃，熱分解溫度為 340℃，熱變形溫度和最高連續使用溫度均高於絕大多數脂肪族 PA，也高於幾乎所有的通用熱塑性塑膠。PC 的熱導率及比熱容都不高，在塑膠中屬中等水準，但與其他非金屬材料相比，仍然是良好的熱絕緣材料。

② 力學性能

PC 的分子結構使其具有良好的綜合力學性能。如，很好的剛性和穩定性，拉伸強度高達 50 ～ 70MPa，拉伸、壓縮、彎曲強度均相當於 PA6、PA66，衝擊強度高於大多數工程塑膠，抗蠕變性也明顯優於聚酰胺和聚甲醛。但是，PC 在力學性能上有一定的缺陷，如易產生應力開裂、缺口敏感性高、不耐磨等，因此用其製備一些抗應力材料時需進行改性處理。

③ 電性能

PC 為弱極性聚合物，其電性能在標準條件下雖不如聚烯烴和 PS 等，但耐熱性比它們強，所以可在較寬的溫度範圍保持良好的電性能。因此，該耐高溫絕緣材料可以應用於 3D 列印中。

④ 透明性

由於 PC 分子鏈上的剛性和苯環的體積效應，它的結晶能力比較差。PC 聚合物成型時熔融溫度和玻璃化轉變溫度都高於製品成型的模溫，所以它很快就從熔融溫度降低到玻璃化轉變溫度之下，完全來不及結晶，只能得到無定形製品。這使得 PC 具有優良的透明性，它的透光率可達 90%，常被用於一些高透光性產品如個性化眼鏡片和燈罩的列印之中。PC 具有高強度與抗彎曲特性，這使它成為製備金屬彎曲與複合工作的工具、卡具和圖案的理想之選。

（3）PC 在 3D 列印中的應用

PC 的成型收縮率小（0.5% ～ 0.7%），尺寸穩定性高，因而適用於 FDM 技術製備精密儀器中的齒輪、照相機零件、醫療器械的零部件。PC 還具有良好的電絕緣性，是製備電容器的優良材料。PC 的耐溫性好，可反覆消毒使用，便於製造一些生物醫用材料。圖 3.21 為採用 PC 材料 3D 列印製造的常見零部件。

圖 3.21　PC 材料 3D 列印品

　　目前，國外都非常重視 PC 在 3D 列印技術中的應用，美國已經將 PC 應用於 3D 列印技術製備飛機引擎葉片、燃氣渦輪引擎零部件，並計劃將其進一步應用於太空軌道修復方面。中國在以 PC 為原料，使用 3D 列印技術製造金屬零件及損傷零部件再製造方面也進行了深入的研究，並取得了一系列的研究成果。

　　目前，隨著人們對 3D 列印技術研究的不斷深入，PC 應用的很多領域都已開發了多種 3D 列印產品，而 PC 因其可使用 FDM 技術進行加工的便利條件成為這些領域 3D 列印材料的首選。PC 的應用領域如下：

　　① 建築行業

　　在建築行業傳統使用的是無機玻璃，而 PC 材料具有良好的透光性、強的耐衝擊性、耐紫外線輻射、尺寸穩定性好及其優異的成型加工性能，所以它比無機玻璃有更多技術性能優勢。使用 PC 材料 3D 列印的透明室內裝飾材料也早已進入人們生活之中。

　　② 汽車製造工業

　　PC 具有良好的耐衝擊性，硬度高、耐熱畸變性能和耐候性好，因此用於生產轎車和輕型卡車的各種零部件，如保險槓、照明系統、儀表板、除霜器、加熱板等。在已開發國家，PC 在電子電氣、汽車製造業中使用的比例在 40% ～ 50%。目前，中國迅速發展的支柱產業有電子電氣和汽車製造業，未來這些領域對 PC 的需求量將是巨大的。

　　③ 醫療器械領域

　　PC 製品可經受蒸汽、清洗劑、加熱和大劑量輻射消毒，且不發生變黃和物理性能下降，因而被廣泛應用於人工腎血液透析設備和需反覆消毒的醫療設備中，這些器械需要在透明、直觀條件下操作，如醫用凍存管支架、高壓注射器、一次性牙科用具、外科手術面罩、血液分離器等。

　　④ 航空航太領域

　　隨著現代社會航空航太技術的迅速發展，人們對航太器中各種部件的要求也不斷提高，使得 PC 在航空航太領域的應用不斷增加。據統計，僅一架波音型飛機上所用 PC 部件就達 2500 個，而通過玻璃纖維增強的 PC 部件在宇宙飛船上也有應用。當前，美國等已經開始將 PC 用於 3D 列印航空航太零部件的研發。隨著 3D 列印在航空航太領域的進一步發展，PC 在該方向的應用必將得到更大的拓展。

⑤ 電子電氣領域

在較寬的溫度、濕度範圍內，PC 具有良好而恆定的電絕緣性，所以是優良的絕緣材料。其優良的阻燃性和較好的尺寸穩定性，使其在電子電氣行業有廣闊的應用前景。當前，PC 主要用於生產各種食品加工機械、電動工具外殼、冰箱冷凍室抽屜和真空吸塵器零件等。PC 材料在零部件精度要求較高的計算機、彩色電視機和影片錄影機中的重要零部件方面，顯示出了極高的使用價值。

（4）PC/ABS 合金材料

① PC/ABS 合金材料簡介

PC 是優良的工程塑膠，但 PC 製品易產生應力開裂，對缺口敏感性強，加工流動性也欠佳，使其應用受到了一定的限制。為進一步拓展 PC 的應用領域，人們研究出多種改性劑用於改善 PC 的耐衝擊性，如部分相容分散型改性劑乙烯 - 乙酸乙烯共聚物（EVA）以及丙烯腈 - 丁二烯 - 苯乙烯接枝共聚物（ABS）、增韌劑丙烯酸酯類（ACR）和一些等離子分散型改性劑。其中以 PC 和 ABS 為主要原料的 PC/ABS 合金是一種重要的工程塑膠合金，成本介於 PC 和 ABS 之間，又兼具兩者的良好性能，能更好地應用於汽車、電子、電氣等行業。

PC/ABS 是聚碳酸酯和丙烯腈 - 丁二烯 - 苯乙烯共聚物的混合物，PC/ABS 材料顏色為黑色，是一種通過混煉後合成的應用最廣泛的熱塑性工程塑膠。PC/ABS 材料既具有 PC 樹脂的優良耐熱耐候性、尺寸穩定性、耐衝擊性和抗紫外線（UV）等性質，又具有 PC 材料所不具備的熔體黏度低、加工流動性好、價格低廉等優點，而且還可以有效降低製品的內應力和衝擊強度對製品厚度的敏感性。因此 PC/ABS 材料已代替 PC 用於薄壁、長流程的製品生產中，且在薄壁及複雜形狀製品的應用中能保持其優異的性能。同時，PC/ABS 兼具 PC 和 ABS 兩種材料的優良特性，耐衝擊強度和拉伸強度比上述兩種材料高，其熱變形溫度達到 110℃，所以已成為市場上最廣泛使用的注模材料。該材料在 3D 列印領域配合 FORTUS 系統設備製作的 3D 列印樣件的強度比傳統的 FDM 系統製作的部件強度高出 60% 左右。

② PC/ABS 材料應用領域

PC/ABS 材料的主要應用領域包括以下幾個方面：

a. 汽車內外飾：儀表板、飾柱、儀表前蓋、格柵等。

b. 商務設備（筆記型 / 桌上型電腦、影印機、印表機、繪圖儀、顯示器）的機殼和內置部件。

c. 電信：行動電話外殼、附件以及智慧卡（SIM 卡）。

d. 電器產品：電子產品外殼、電錶罩和殼體、家用開關、插頭和插座、電纜電線管道。

e. 家用電器：洗衣機、吹風機、微波爐的內外部件。

③ PC/ABS 材料與 3D 列印

PC/ABS 專用 3D 列印材料，其工藝細節特徵與 ABS 材料非常相似，而性能兼具 PC 的強度以及 ABS 的韌性。同時 PC/ABS 製品也具備良好外觀和表面光潔度。對於需要高衝擊強度的功能性成型、工具加工以及小批量生產，加電動工具成型以及工業設備製造來說，3D 列印工程師和設計師一般會將 FDM 技術配合 PC/ABS 材料使用以滿足使用者要求。此外，PC/ABS 完全兼容於 Waterworks 水溶性去支撐材料，列印完成後無須手動移除支撐便可

輕鬆製造出有較深內部腔洞的複雜零件，縮短了模型製造週期。圖 3.22 是用 PC/ABS 材料列印的製品。

圖 3.22　用 PC/ABS 材料列印的製品

（5）PC-ISO 材料

① PC-ISO 材料簡介

PC-ISO 材料是一種通過醫學衛生認證的白色熱塑性材料，熱變形溫度為 133℃，主要應用於生物醫用領域，包括手術模擬、顱骨修復、牙齒正畸等。它具備很強的機械性能，拉伸強度、抗彎強度都非常好，耐溫性高達 150℃。PC-ISO 材料可為病人定製切割和鑽孔引導件，可通過 γ 射線或 EtO 消毒。通過醫學衛生認證的成型件可以與肉體接觸，提高外科手術精度，減少病人外科手術時間和恢復時間，廣泛應用於藥品及醫療器械行業。同時，因為具備 PC 的所有性能，它也可以用於食品及藥品包裝行業，做出的樣件可以作為概念模型、功能原型、製造工具及最終零部件使用。

② PC-ISO 材料與 3D 列印

隨著 3D 列印技術的發展，該技術被越來越多地應用於醫學領域。3D 列印技術根據患者的具體情況，製備手術策劃模型、定製化假體等，簡化了手術操作，縮短了手術時間，提高了手術質量和治療效果，減少了手術的風險。但目前 3D 列印技術過程製作成本仍較高，而且製備出的個體化修復體生物性能和適應性還有待深入研究。隨著個性化、特異性醫療需求的興起，PC-ISO 材料在 3D 列印生物醫學領域方面的應用將會有一個更好的前景。圖 3.23 為 PC-ISO 材料的 3D 列印製品。

圖 3.23　PC-ISO 材料 3D 列印製品

3.4.3 聚亞苯基碸樹脂

（1）聚亞苯基碸樹脂材料簡介

聚碸樹脂是一種新型熱塑性工程塑膠，於 1960 年代研製出來，可分為三個系列，分別為聚碸樹脂（PSF）、聚醚碸樹脂（PESF）和聚亞苯基碸樹脂（PPSU）。PPSU 作為聚碸樹脂的代表，因其具有優異的力學性能、耐熱性、阻燃性、抗蠕變性、化學穩定性、透明性等被廣泛應用於電子電氣工業、汽車工業、醫療衛生和家用食品包裝材料等領域。然而，PPSU 的剛性過大，導電和導熱等性能較差，限制了 PPSU 在某些領域的應用。為了改善和提高 PPSU 的性能以及降低 PPSU 的成本，獲得高性能材料，研究人員將 PPSU 進行共混改性製備高性能合金，如 PPSU/ABS、PPSU/PET、PPSU/PC、PPSU/PA 等合金材料。

（2）聚亞苯基碸材料的性能

聚亞苯基碸（PPSF）材料是支持 FDM 技術的新型工程塑膠，其顏色為琥珀色，耐熱溫度為 207.2 ～ 230℃，材料熱變形溫度為 189℃，適合高溫環境。

PPSF 可以持續暴露在潮濕和高溫環境中而仍能吸收巨大的衝擊，不會產生開裂或斷裂。若需要缺口衝擊強度高、耐應力開裂和耐化學腐蝕的材料，PPSF 是最佳的選擇。PPSF 材料列印的產品性能穩定、綜合機械性能佳、耐熱性能好，通過與 Fortus 設備配合使用，可以達到非常好的效果。與其他工程塑膠相比，PPSF 有很多獨特的性能，其主要性能如下。

① 熱性能

相應的 DSC 曲線顯示 PPSF 的玻璃化轉變溫度為 220.0℃，無結晶峰和熔融峰，說明此材料為完全無定形材料。空氣和氮氣氣氛下的熱失重分析結果顯示：在氮氣和空氣中 PPSF 都具有非常好的熱穩定性。3 種常見的 PPSF 樹脂在氮氣氣氛下的起始熱分解溫度測定結果如下：R-100，492℃；R-400，480℃；R-500，486℃。由此可以看出，PPSF 原料的熱分解溫度都比較高，熱穩定性能良好，這也使得 PPSF 常常被用於在高溫環境下使用的元件的列印。

② 流變性能

流變性能是材料用於 3D 列印，特別是 FDM 技術列印的關鍵所在。從流變性能數據可以看出，PPSF 的黏度隨溫度的升高而減小；當剪切速率在較大範圍（$10 \sim 10^4 s^{-1}$）內變化時，隨著溫度的升高，PPSF 的黏度變化程度趨於緩和。所以，適當地控制加工溫度，可以調節熔體黏度對剪切速率的敏感程度，從而達到滿足列印的要求。同時可以看出，PPSF 屬於典型的假塑性流體，其熔體的黏度隨剪切速率的增加而降低，即熔體觸變性良好。

（3）聚亞苯基碸材料在 3D 列印中的應用

聚亞苯基碸是一種無定形的綜合性能良好的特種工程塑膠，被廣泛應用於電子電氣、汽車、醫療和家用食品等領域。

① 電子電氣領域

PPSU 具有優秀的力學性能，因此可用於製作電子電氣零部件，如印刷線路板、儀表板，製作各種接觸器、絕緣套管和集電環。目前電子電氣零部件向小型、輕量、耐高溫方向發展，這些都促進了其在電子電氣領域的應用。圖 3.24 是 PPSF 材料 3D 列印產品。

圖 3.24　PPSF 材料 3D 列印製品

② 汽車領域

PPSU 具有很高的熱變形溫度以及較高的衝擊強度，被用來製作空調壓縮系統的密封條及齒輪傳動裝置等。由於其價格較高，限制了其在中國零部件企業的使用與推廣。但是，隨著 PPSU 等聚碸樹脂的生產成本不斷降低，相信 PPSU 在汽車領域的應用前景會更好。

③ 醫療領域

通常對用於醫療領域的材料要求極其苛刻，例如需要較長的使用壽命和抗蠕變性，能經受各種消毒和衝洗，同時還必須耐醫學中的化學品。PPSU 具有強的抗蠕變性、化學穩定性、耐熱性以及透明性，可以代替金屬，這樣不僅可以降低更換成本，同時能夠減輕質量，還可以製成透明製品。因此其經常用於製作各種醫療製品，主要有外科手術盤、牙科器械、液體容器和實驗室器械等。

④ 家用食品領域

美國 FDA 認證 PPSU 等聚碸樹脂可以與食品及飲用水接觸且無毒，可製成如蒸汽餐盤、咖啡盛器、微波烹調器、牛奶盛器等與食物直接接觸的製品。近幾年，聚碳酸酯（PC）製作的嬰兒塑膠奶瓶因其在加熱時可能會析出雙酚 A，對嬰兒的免疫系統造成傷害，在很多國家和地區遭到禁售，而 PPSU 不含雙酚 A，具有高透明性和水解穩定性，在製作嬰兒塑膠奶瓶上成功替代了 PC。

3.4.4　聚醚酰亞胺材料

（1）聚醚酰亞胺材料簡介

聚酰亞胺（PI）是一種分子鏈上含有酰亞胺環的高性能聚合物，結構通式如圖 3.25 所示。聚酰亞胺在 100 ～ 450℃的範圍內有非常突出的耐熱、耐腐蝕、介電、光學和耐輻射等性能，是目前特種高分子材料中最具有代表性的材料。作為一種特種工程材料，聚酰亞胺廣泛應用於航空、航太、微電子、液晶、分離膜和雷射等高精尖領域。因而，各國均視聚酰亞胺為未來最有希望的工程塑膠之一，並不斷加大對聚酰亞胺的研發與投入。

R^1, R^2 = 不同烷基

圖 3.25　聚酰亞胺結構通式

聚醚醯亞胺（PEI）是一種熱塑性的聚醯亞胺，通過在聚合物主鏈中引入醚鍵來提高分子的熱塑性。在眾多類型的聚醯亞胺中，PEI 是性能與成本結合最成功的聚醯亞胺改性產品。在保留醯亞胺環結構的同時，還在分子鏈中引入了醚鍵，顯著地改善了聚醯亞胺熱塑性差、難以加工、成本高昂的問題。目前，PEI 被廣泛應用於軍用、民用領域，如防彈、航太和粉塵廢氣過濾等等相關的行業，甚至可以代替一些金屬作為結構材料使用。

目前全球範圍內 PEI 的主要商家有沙特基礎工業公司（Saudi Basic Industries Corporation）、美國的安特普公司（RTP）、荷蘭的阿克蘇諾貝爾公司（Akzo Nobel N.V）等國外的廠商。中國的 PEI 行業則不容樂觀，中國廠商目前規模小且品類單一、成本高昂、依賴進口且技術含量低，與已開發國家在 PEI 的產業上仍有不小差距。

1982 年，美國通用公司開始銷售熱塑性聚醯亞胺，其中 PEI 由於成本較低，加工便利，先後推出多個系列品牌，均廣受歡迎，是聚醯亞胺市場上占有率最高的品種。PEI 的耐化學性範圍很寬，例如耐多數碳氫化合物、醇類和鹵化溶劑。它的水解穩定性很好，抗紫外線、γ 射線能力強。PEI 屬於耐高溫結構熱塑性塑膠，它是具有雜環結構的縮聚物，由有規則的交替重複排列的醚和醯亞胺環構成。

美國通用公司當年銷售的 PEI 商品名為「ULTEM」。ULTEM 樹脂是一種無定形熱塑性PEI。由於具有最佳的耐高溫性及尺寸穩定性，以及耐化學性、電氣性、高強度、阻燃性、高剛性等等，ULTEM 樹脂可廣泛應用於耐高溫端子、IC 底座、FPCB（軟性線路板）、照明設備、液體輸送設備、醫療設備、飛機內部零件和家用電器等。ULTEM 樹脂有很多種，如ULTEM 9075 和 ULTEM 9085。

（2）聚醚醯亞胺材料的性能

① PEI 的特點是在高溫下具有高的強度、剛性、耐磨性和尺寸穩定性。

② PEI 是琥珀色透明固體，不添加任何添加劑就有固有的阻燃性和低煙度，氧指數為47%，燃燒等級為 UL94-V 0 級。

③ PEI 的密度為 1.28 ～ 1.42g/cm³，玻璃化轉變溫度為 215℃，熱變形溫度為 198 ～208℃，可在 160 ～ 180℃下長期使用，允許間歇最高使用溫度為 200℃。

④ PEI 具有優良的機械強度、電絕緣性、耐輻射性、耐高低溫、耐疲勞性和成型加工性，加入玻璃纖維、碳纖維或其他填料可達到增強改性目的。

（3）聚醚醯亞胺材料在 3D 列印中的應用

PEI 材料針對 FDM 工藝，具有完善的熱學、機械以及化學性質。因其 FST 評級、高強度質量比，PEI 將成為航空航太、汽車與軍用領域的理想之選。

① 電子電氣行業

在電子電氣行業，具有優良機械性能的 PEI 可用來製造許多零部件，如對尺寸穩定性要求較高的連接件、小型繼電器的外殼和電路板等。PEI 可用於製造精度較高的光纖元件，使用 PEI 代替金屬來製造光纖元件，可以保持零件最佳化的結構，維持更精確的尺寸，簡化裝配工序，降低製造與裝配成本，產品的總出廠成本減少了 40% 左右。此外，PEI 經常用作製造開關、底座等一些零件，還可以應用於儀表工業中，圖 3.26 是 PEI 採用 3D 列印製造出來的工藝品。

圖 3.26　PEI 材料 3D 列印的製品

② 汽車機械領域

PEI 可用於機械高溫摩擦部件的製造，如軸承、熱交換器、汽化器外罩等。

③ 航太領域

PEI 可用於製造太空船的部分內部零件，如火箭引信帽、太空船照明設備等。

3.5　複習與思考 ▶▶▶

1. 簡述 3D 列印尼龍材料的性能。

2. 試述玻纖尼龍適合於 3D 列印 FDM 工藝的原因。

3. 在 3D 列印領域，有機矽橡膠材料為什麼能應用於醫療器械？

4. 試述 ABS 材料的特點。

5. 試述 ABS 系列類材料的特點。

6. 在 3D 列印中，ABS/PA 合成材料的優點是什麼？

7. 簡述聚乳酸材料的優缺點。

8. 簡述聚乳酸材料和 ABS 材料的區別。

9. 聚碳酸酯材料在 3D 列印中有哪些應用？

10. PC/ABS 材料與 PC 材料相比在 3D 列印中有何優點？

11. 簡述聚亞苯基碸（PPSF）在 3D 列印中有何優點。

第**4**章

3D 列印材料──光敏樹脂材料

光敏性高分子又稱感光性高分子，是指在光作用下能迅速發生化學和物理變化的高分子，或者通過高分子或小分子上光敏官能團所引起的光化學反應（如聚合、二聚、異構化和光解等）和相應的物理性質（如溶解度、顏色和導電性等）變化而獲得的高分子材料。

光敏樹脂也稱為 UV 樹脂，是一種具有多方面優越性的特殊樹脂，由光敏預聚體、活性稀釋劑和光敏劑組成。它在一定波長（250～400nm）的紫外光照射下立刻引起聚合反應，完成固化。光敏樹脂一般為液體狀態，列印出來的模型一般具備高強度、高韌性的特點，用途非常廣泛，受到科學研究工作者的高度重視。

光敏樹脂具有節約能源、汙染小、固化速度快、生產效率高、適宜流水線生產等優點，近年來得到了快速發展。目前，光敏樹脂不僅在木材塗料、金屬裝飾以及印刷工業等方面逐步取代傳統塗料，而且在塑膠、紙張、地板、油墨、黏合劑等方面有著廣泛應用。

光敏樹脂在 3D 列印中既可以作為列印主體材料直接使用，也可以作為黏結材料配合其他粉末材料如無機粉末等共同使用。常見的 3D 列印光敏樹脂有環氧樹脂、Somos11122 材料、Somos NeXt 材料和 Somos19120 材料等。合格的 3D 列印光敏樹脂必須要滿足以下幾點要求：

① 固化前性能穩定，一般要求可見光照射下不發生固化；

② 反應速率快，更高的反應速率可以實現高效率成型；

③ 黏度適中，以匹配光固化成型裝備的再塗層要求；

④ 固化收縮小，以減少成型時的變形及內應力；

⑤ 固化後具有足夠的機械強度和化學穩定性；

⑥ 毒性及刺激性小，以減少對環境及人體的傷害。

除此之外，在一些特殊的應用場合還會有一些其他的需求，如應用於鑄造的光敏樹脂要求低灰分甚至無灰分，再如應用牙科矯形器或植入物製造的樹脂要求對人體無毒或具有可生物降解等性能。

3D 列印用光敏樹脂和其他行業使用的光敏樹脂基本一樣，由以下幾個組分構成。

（1）低聚物

低聚物是光敏樹脂的主要成分，其結構決定了光敏樹脂固化後材料的物理、化學、力學等性能。早在 1968 年，德國拜耳公司便將不飽和聚酯低聚物用於光固化材料中。

低聚物是指可以進行光固化的低分子量的預聚體，其分子量通常在 1000 ～ 5000 之間。它是材料最終性能的決定因素。光敏樹脂材料低聚物主要有丙烯酸酯化環氧樹脂、不飽和聚酯、聚氨酯和多硫醇 / 多烯光敏樹脂體系幾類。

① 丙烯酸酯化環氧樹脂

丙烯酸酯化環氧樹脂是目前中國使用最多的一種光敏預聚體，其中環氧樹脂骨架賦予材料柔韌性、黏結性和化學穩定性，丙烯酸酯基團提供進一步聚合的光敏反應基團。

② 不飽和聚酯

不飽和聚酯是最早應用於光敏樹脂材料的預聚體，一般是由不飽和二元酸二元醇或者飽和二元酸不飽和二元醇縮聚而成的具有酯鍵和不飽和雙鍵的線型高分子化合物。不飽和聚酯可通過紫外光照射固化成膜，但膜層附著力和柔韌度均有所欠缺。

③ 聚氨酯

聚氨酯型光敏預聚體是由多異氰酸酯與不同結構和分子量的雙或多羥基化合物反應生成端基異氰酸酯中間化合物，再與羥烷基丙烯酸酯反應製得。聚氨酯材料膜層黏結力強、柔韌性高、結實耐磨。

④ 多硫醇 / 多烯光敏樹脂體系

多硫醇 / 多烯光敏樹脂體系主要應用於一些特殊體系，與其他預聚體相比，具有空氣不會對體系產生阻聚作用、原料選擇性廣、可獲得多種特殊性能的優點，還具有折射率大、通過率高、固化時不受氧氣阻聚的優點，能滿足光波導耦合裝置及其他光學裝置的膠接要求。但同時也具有價格高、氣味重等缺陷。

（2）活性稀釋劑

活性稀釋劑主要是指含有環氧基團的低分子量環氧化合物，它們可以參加環氧樹脂的固化反應，成為環氧樹脂固化物的交聯網絡結構的一部分。活性稀釋劑分子結構中帶有環氧官能團，不僅能降低體系黏度，還能參與固化反應，保持了固化產物的性能。

活性稀釋劑按其每個分子所含反應性基團的多少，可以分為單官能團活性稀釋劑和多官能團活性稀釋劑。單官能團活性稀釋劑每個分子中僅含一個可參與固化反應的基團，如甲基丙烯酸 -β- 羥乙酯（HEMA）。多官能團活性稀釋劑是指每個分子中含有兩個或兩個以上可參與固化反應基團的活性稀釋劑，如 1,6- 己二醇二丙烯酸酯（HDDA）。採用含較多官能團的單體，除了增加反應活性外，還能賦予固化膜交聯結構。這是因為單官能團單體聚合後只能得到線型聚合物，而多官能團的單體可得到高交聯度的交聯聚合物。

按固化機理，活性稀釋劑可分為自由基型和陽離子型兩類。（甲基）丙烯酸酯類是典型的自由基型活性稀釋劑，固化反應通過自由基光聚合進行。環氧類則屬於陽離子型活性稀釋劑，其固化反應機理是陽離子聚合反應。乙烯基醚類既可參與自由基聚合，也可進行陽離子聚合，因此可作為兩種光固化體系的活性稀釋劑。

另外，活性稀釋劑對皮膚的毒性和刺激性與官能度（C＝C 在單體中的濃度）和分子量有關。官能度越高、分子量越小的活性稀釋劑，其反應速度越快，黏度越低，材料的固化體積收縮率越高，脆性越大，對人體毒性和刺激性越大。

（3）光引發劑和光敏劑

光引發劑和光敏劑都是在聚合過程中起促進引發聚合的作用，但兩者又有明顯區別。光

引發劑在反應過程中起引發劑的作用，本身參與反應，反應過程中有消耗；而光敏劑則是起能量轉移作用，相當於催化劑的作用，反應過程中無消耗。

光引發劑是通過吸收光能後形成一些活性物質，如自由基或陽離子，從而引發反應，主要的光引發劑包括安息香及其衍生物、苯乙酮衍生物、三芳基硫鎓鹽類等。光敏劑的作用機理主要包括能量轉換、奪氫和生成電荷轉移複合物三種，主要的光敏劑包括二苯甲酮、米氏酮、硫雜蒽酮、聯苯醯等。表 4.1 列舉了重要的光聚合體系光敏劑。

表 4.1　重要的光聚合體系光敏劑

類別	感光波長 /nm	化合物
羰基化合物	360 ～ 420	安息香及醚類、稠環醌類
偶氮化合物	340 ～ 400	偶氮二異丁腈、重氮化合物
有機硫化物	280 ～ 400	硫醇、烷基二硫化物
鹵化物	300 ～ 400	鹵化銀、溴化汞、四氯化碳
色素類	400 ～ 700	四溴螢光素 / 胺、維生素 B_2、花菁色素
有機金屬化合物	300 ～ 450	烷基金屬類
金屬羰基類	360 ～ 400	羰基錳
金屬氧化物	300 ～ 380	氧化鋅

隨著製造業智慧化的發展，未來 3D 列印技術將被應用於各個領域，這對光敏樹脂提出更高要求，如低碳環保、低成本、高引發效率、高精確度、高強度、良好生物相容性等。隨著 3D 列印製品的廣泛應用，具有優異力學性能、導熱性能或生物相容性的光敏樹脂可結合 SLA 技術推廣到珠寶製作、生物醫療等領域。另外，功能化、高精度、快速成型、無毒環保型等光敏樹脂的開發，將成為今後 SLA 技術的應用與研究熱點。

（1）功能化光敏樹脂

近年來，SLA 技術被廣泛應用於生物醫療領域，開發出抗菌聚合物光敏樹脂、多孔性骨骼或生物組織工程支架用光敏凝膠材料、硬組織修復用光敏樹脂材料，這類材料具有生物相容性，可實現生物器官的 3D 列印成型。

（2）高精度、快速成型的光敏樹脂

光固化成型技術應用 3D 列印材料是以層疊加的方式成型，高精度、快速成型的光敏樹脂實現光敏樹脂界面間連續固化成型，提高了成型精度。

（3）無毒環保型光敏樹脂

通常光敏樹脂配方中需要添加稀釋劑以達到降低黏度的目的，稀釋劑存在揮發，造成大氣汙染和資源的浪費，因此開發新型無溶劑、低黏度綠色環保的光敏樹脂成為一大研究熱點。

4.1.1 環氧樹脂簡介

環氧樹脂（Epoxy Resin，簡稱 EP）有著悠長且豐富的發展歷程，科學家們在 19 世紀與 20 世紀相交之際關於環氧樹脂的兩個劃時代的發現推動了整個聚合物材料的發展，也使環氧樹脂材料第一次走上歷史舞臺。從 1930 年代起，世界各地的科學家紛紛對環氧樹脂的各種性質和合成機理展開了更為深入的探索。1934 年，德國人最先將含有多個環氧基團的化合物通過聚合反應製備出高聚物，經 LG 染料公司公之於世，因為戰爭原因而沒有受到專利保護。從 1948 年開始，環氧樹脂被大量製造並在各領域都有了很好的應用。隨著時間的推移以及需求的不一，有了各種不同類型和功能的環氧樹脂。

環氧樹脂是 3D 列印最常見的一種黏結劑，同時也是一種最常見的光敏樹脂。1930 年，環氧樹脂首先由瑞士的 Pierre Castan 和美國的 S.Q.Greenle 合成，屬於熱固性塑膠。

環氧樹脂的分子結構是以分子鏈中含有活潑的環氧基團為特徵，環氧基團可以位於分子鏈的末端、中間或成環。由於分子結構中含有活潑的環氧基團，它們可與多種類型的固化劑發生交聯反應而形成不溶、不熔的具有三維網狀結構的高聚物。凡分子結構中含有環氧基團的高分子化合物統稱為環氧樹脂。

針對微觀分子間構造不同，把環氧樹脂分成三種類型。

① 縮水甘油胺類：這類環氧樹脂的優點是吸收熱量大，不易受熱分解，而且本身的鏈段交聯度高，故而機械強度和模量高。由於這些優點，其被廣泛應用在航空航太和電子裝置等領域。

② 縮水甘油醚類：這種類型的環氧樹脂被開發出了多種配方。最有意義及應用最廣的是用雙酚 A 為原料形成的甘油醚，被稱為雙酚 A 型環氧樹脂。它具有優良的物理化學性質、較為低廉的成本，因而應用廣泛，涉及人們生活的方方面面，在總的環氧樹脂的生產中占了 85% 的市場占有率。雙酚 A 型環氧樹脂是由雙酚 A、環氧氯丙烷在鹼性條件下縮合，經水洗、脫溶劑精製而成的高分子化合物。因環氧樹脂的製成品具有良好的物理機械性能、耐化學藥品性、電氣絕緣性能，故廣泛應用於塗料、膠黏劑、玻璃纖維增強塑膠、層壓板、電子澆鑄、灌封、包封等領域。環氧樹脂分子量從數百到數千，沒有使用價值，而且分子量越大，環氧當量也越大。它採用固化劑固化後，才具有使用價值。

③ 縮水甘油酯類：這種環氧樹脂的黏度很低，有著較為良好的可加工性，且其比較活潑，可與別的材料發生反應，而且其與其他環氧樹脂相比有著更好的黏性，有著更為優良的光透性。

環氧樹脂的改性方法通常有以下幾種：選擇固化劑，添加反應性稀釋劑，添加填充劑，添加特種熱固性或熱塑性樹脂，改良環氧樹脂本身。

4.1.2 環氧樹脂在 3D 列印中的應用

環氧樹脂作為一種黏結性、耐熱性、耐化學性和電絕緣性十分優良的合成材料，廣泛應

用於金屬和非金屬材料黏結、電氣機械澆鑄絕緣、電子器具黏合密封和層壓成型複合材料、土木及金屬表面塗料等。它對金屬和非金屬材料的表面具有優異的黏結強度，介電性能良好，製品尺寸穩定性好，硬度高，柔韌性較好，鹼及大部分溶劑穩定。

環氧樹脂在 3D 列印中的一個重要用途就是作為黏結劑使用。同其他樹脂相比，環氧樹脂作為無機或金屬粉末材料的黏結劑具有以下優點：

① 環氧樹脂的極性較大，與無機、金屬粉末的界面相容性好於大多數樹脂。因此，環氧樹脂常常被用作無機和金屬材料的專用黏結劑。圖 4.1 是環氧樹脂加 1% 體積分數的碳纖維的複合材料 3D 列印的蜂窩狀結構。圖 4.2 為環氧樹脂作黏結劑使用製成的其他 3D 列印製品。

圖 4.1　環氧樹脂加 1% 體積分數的碳纖維的複合材料 3D 列印的蜂窩狀結構

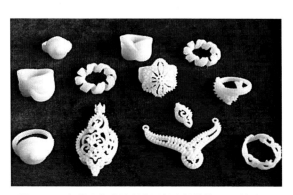

圖 4.2　環氧樹脂作黏結劑使用製成的其他 3D 列印製品

② 其低聚物的黏度較小、流動能力強，和極性粉末材料的浸潤性好，能夠迅速浸潤無機或金屬粉末表面。

③ 環氧樹脂作為光敏塗料在人們日常生活中已得到了廣泛的研究和應用，產品種類繁多，適用面廣，在不同體系中均可找到相對應的環氧樹脂光敏材料使用。

④ 在光敏樹脂材料中，環氧樹脂的黏結強度高，價格適中，成膜性好，容易根據實際

需要進行改性。

⑤ 產品化學性能穩定，無毒，可用於生物醫用和食品包裝材料。

4.2 丙烯酸樹脂 ▶▶▶

4.2.1 丙烯酸樹脂簡介

丙烯酸樹脂就是以丙烯酸酯類、甲基丙烯酸酯類為主體，輔之以功能性丙烯酸酯類及其他乙烯單體類，通過共聚合所合成的樹脂。丙烯酸樹脂一般分為溶劑型熱塑性丙烯酸樹脂和溶劑型熱固性丙烯酸樹脂、水性丙烯酸樹脂、高固體丙烯酸樹脂、輻射固化丙烯酸樹脂及粉末塗料用丙烯酸樹脂等。熱塑性丙烯酸樹脂在成膜過程中不發生進一步交聯，因此它的分子量較大，具有良好的保光保色性、耐水耐化學性，乾燥快，施工方便，易於施工重塗和返工，製備鋁粉漆時鋁粉的白度、定位性好。熱塑性丙烯酸樹脂在汽車、電器、機械、建築等領域應用廣泛。

熱固性丙烯酸樹脂是指在結構中帶有一定的官能團，在製漆時通過和加入的胺基樹脂、環氧樹脂、聚氨酯等中的官能團反應形成網狀結構，熱固性樹脂一般分子量較低。熱固性丙烯酸塗料有優異的丰滿度、光澤、硬度、耐溶劑性、耐候性，在高溫烘烤時不變色、不泛黃。最重要的應用是和胺基樹脂配合製成胺基 - 丙烯酸烤漆，目前在汽車、機車、腳踏車、捲鋼等產品上應用十分廣泛。

用丙烯酸酯和甲基丙烯酸酯單體共聚合成的丙烯酸樹脂對光的主吸收峰處於太陽光譜範圍之外，所以製得的丙烯酸樹脂漆具有優異的耐光性及抗戶外老化性能。

4.2.2 丙烯酸樹脂在 3D 列印中的應用

丙烯酸樹脂的 3D 列印主要採用光固化成型技術，光固化成型技術在與丙烯酸酯單體聯用時，丙烯酸酯單體可與光引發劑混合，而光引發劑在紫外光區或可見光區吸收一定波長的能量，從而引發單體聚合交聯固化。此外，陶瓷和金屬等也可作為列印材料。將陶瓷粉以 1：1 的比例與丙烯酸樹脂混合後，樹脂可產生黏合劑的作用。加入了陶瓷粉的樹脂會在一定程度上實現固化，其硬度正好足以保持實物的形狀，而且基於純丙烯酸樹脂的列印方法和硬體設備也適用。之後，再通過熔爐對加入了陶瓷粉的成品進行燒製，以除掉其中的聚合物，並將陶瓷成分黏合到一起，使最終成品中的陶瓷含量高達 99%。這種方法也適用於含有金屬粉的丙烯酸酯類單體樹脂，同時也可以通過相同的印表機硬體來構建金屬部件。

聚氨酯丙烯酸酯柔韌性好、耐磨性高、附著力強、光學性能良好，但用於生產環保型產品的水性聚氨酯丙烯酸酯綜合性能並不理想，影響其使用規模，樹脂著色穩定性、黏度、強度、硬度、疏水性、親水性、熱穩定性等都需通過改性分子結構加強。對水性聚氨酯丙烯酸酯進行超支化改性可以顯著降低樹脂的黏度、表面張力，增加樹脂的溶解性、成膜性、低溫柔順性，減少有機稀釋劑的應用，有利於對環境的保護，大幅度提高水性聚氨酯丙烯酸酯光敏樹脂在 3D 列印中的應用，因此對於水性聚氨酯丙烯酸酯光敏樹脂的超支化改性有重要意

義。圖 4.3 為基於光固化成形技術的桌面型印表機列印的聚氨酯丙烯酸酯材料的工藝品。

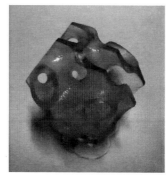

圖 4.3　丙烯酸樹脂 3D 列印製品

4.3　Objet Polyjet 光敏樹脂材料 ▶▶▶

　　Objet Polyjet 光敏樹脂材料是接近 ABS 材料的光敏樹脂，表面光滑細膩，是能夠在一個單一的 3D 列印模型中結合不同的成型材料添加劑（軟硬膠結合、透明與不透明材料結合）而製造的材料，用該樹脂材料製得的 3D 列印製品如圖 4.4 所示。

圖 4.4　Objet Polyjet 光敏樹脂材料 3D 列印製品

4.4　DSM Somos 系列光敏樹脂 ▶▶▶

　　1980 年代後期，DSM Somos 公司就積極投身光固化成型材料的開發工作。早期的光固化成型材料普遍為偏黃的半透明色，易碎，尺寸不穩定。2000 年 DSM Somos 推出了 9120，

使光固化成型材料的實用性大幅提升。9120 有類 PP 的機械性能。該樹脂比當時其他樹脂更堅固、有彈性且不易斷裂。2006 年 Somos 推出了 9120 的改進版 9420，9420 擁有 9120 的全部優點，而且是極似塑膠的白色。不久，DSM Somos 又推出了透明材料 WaterShed 11120 和白色 Somos Proto Therm 14120。

Somos WaterShed 11120 光敏樹脂是一種用於 SLA 成型機的低黏度液態光敏樹脂，用此材料製作的樣件呈淡綠色透明狀（類似於平板玻璃）。DSM Somos 11122 是 Somos WaterShed 11120 的升級換代產品。Somos WaterShed 11120 及 DSM Somos 11122 光敏樹脂性能優越，該類材料類似於傳統的工程塑膠（包括 ABS 和 PBT 等）。它能理想地應用於汽車、醫療器械、日用電子產品的樣件製作，還被應用到水流量分析、風管測試以及室溫硫化矽橡膠模型、可存放的概念模型、快速鑄造模型的製造方面。DSM Somos 11122 已通過美國醫學藥典認證。

DSM Somos Proto Therm 14120 光敏樹脂是一種用於 SLA 成型機的高速液態光敏樹脂，用於製作具有高強度、耐高溫、防水等功能的零件，用此材料製作的零部件外觀呈乳白色。DSM Somos Proto Therm 14120 光敏樹脂與其他耐高溫光固化材料不同的是，此材料經過後期高溫加熱後，拉伸強度明顯增加，同時斷裂伸長率仍然保持良好。這些性能使得此材料能夠理想地應用於汽車及航空等領域內需要耐高溫的重要部件上。

Somos GP Plus 是 Somos 14120 光敏樹脂的升級換代產品，用 Somos GP Plus 製造的部件是白色不透明的，性能類似工程塑膠 ABS 和 PBT。Somos GP Plus 用於汽車、航太、消費品工業等多個領域，此材料通過了 USP Class Ⅵ 和 ISO 10993 認證，也可以用於一定的生物醫療、牙齒和皮膚接觸類材料。

Somos 19120 材料為粉紅色材質，是一種鑄造專用材料。它成型後可直接代替精密鑄造的蠟模原型，避免開發模具的風險，大大縮短週期，擁有低留灰燼和高精度等特點。它是專門為快速鑄造設計的一種不含銻光敏樹脂，可理想應用於鑄造業，完全不含銻，排除了殘留物危害專業合金的風險。不含銻使快速成型的母模燃燒更充分，殘留灰燼明顯比傳統的燃燒快速成型母模少。

Somos 12120 是一種紅色的硬度很高而且耐高溫的 SLA 樹脂。這種樹脂的特點是經過熱後處理後樹脂的韌性不會發生明顯的變化，這是其他的可以熱後處理的樹脂不具備的。這種樹脂主要為一些需要在相對高溫下工作的零件設計，如汽車、飛機的風洞試驗等。

Somos 11122 材料看上去更像是真實透明的塑膠，具有優秀的防水和尺寸穩定性，能提供包括類似 ABS 和 PBT 在內的多種工程塑膠的特性，這些特性使它很適合用在汽車、醫療以及電子類產品領域。

Somos Next 為白色材質，是類 PC 新材料，材料韌性非常好，如電動工具手柄等基本可替代雷射選區燒結製作的尼龍材料性能，而精度和表面品質更佳。Somos Next 製作的部件擁有迄今最先進的剛性和韌性結合，這是熱塑性塑膠的典型特徵，同時保持了光固化成型材料的所有優點，做工精緻、尺寸精確、外觀漂亮。機械性能的獨特結合是 Somos Next 區別於以前所有的 SLA 材料的關鍵優勢所在。

Somos Next 製作的部件非常適合於功能性測試應用，以及對韌性有特別要求的小批量產品。它的部件經後處理，其性能就像是工程塑膠。這意味著可以用它來做功能性測試，部

件的製作速度、後處理時間更短，具有相當大的優勢。

Somos Next 在 3D 列印領域的主要應用包括：航空航太、汽車、生活消費品和電子產品。它也非常適合於生產各種具有功能性用途的產品原型，包括卡扣組裝設計、葉輪、管道、連接器、電子產品外殼、汽車內外部飾件、儀表盤組件和體育用品等。圖 4.5 為 DSM Somos 系列樹脂 3D 列印製品。

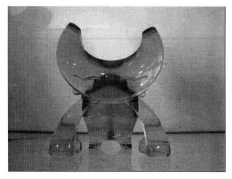

圖 4.5　DSM Somos 系列樹脂 3D 列印製品

DSM Somos 系列的材料涵蓋了多種行業和應用領域，Somos 通過提升材料性能拓展了快速成型技術的應用，使快速成型技術發揮了更大的作用。

4.5 複習與思考 ▷▷▷

1. 簡述光敏樹脂材料的基本組成及其功能。
2. 光敏樹脂材料可用於列印哪些產品？
3. 光敏樹脂材料用於 3D 列印的優點有哪些？
4. 丙烯酸樹脂的 3D 列印主要採用哪種方式？為什麼？

第5章

3D 列印材料——金屬材料

金屬材料在人類生產生活中應用廣泛，小到生活領域的機械零件，大到航空領域的飛機、導彈等大部分部件均由金屬構成，金屬材料是國民經濟及國防工業必不可少的基礎材料。目前金屬零件的加工方式仍是以基於數控加工的車、銑、刨、磨、鑄、鍛、焊為主，基本能夠滿足日常生活及軍用領域的需求，但是對於一些具有複雜的內腔結構或者尖角特徵的零件，這些傳統加工方式則很難勝任，也一定程度上限制了設計者對金屬零件的開發。而 3D 列印製造不受模型複雜程度的限制，並且具有加工週期短的特點，極大地拓寬了設計者的設計思維，大大推動了金屬零件的開發。國外學者從 1990 年代開始研究金屬材料的 3D 列印，與傳統金屬材料加工方式相輔相成，共同推進製造業的發展。

5.1 金屬材料的力學性能 ▶▶▶

5.1.1 金屬材料的強度和塑性

金屬材料的力學性能是指在承受各種外加載荷（拉伸、壓縮、彎曲、扭轉、衝擊、交變應力等）時，對變形與斷裂的抵抗能力。金屬材料常見的外加載荷如圖 5.1 所示。

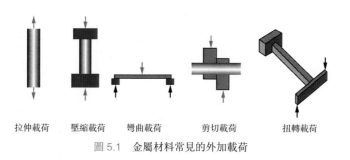

拉伸載荷　　壓縮載荷　　彎曲載荷　　剪切載荷　　扭轉載荷

圖 5.1　金屬材料常見的外加載荷

金屬材料的力學性能主要包括：彈性和剛度、強度、塑性、硬度、衝擊韌性、斷裂韌度及疲勞強度等。它們是衡量材料性能極其重要的指標。

（1）強度和塑性

強度是指金屬材料在靜載荷作用下，抵抗塑性變形和斷裂的能力。

塑性是指金屬材料在靜載荷作用下，產生塑性變形而不致引起破壞的能力。

金屬材料的強度和塑性可通過拉伸試驗測定。

（2）拉伸試驗

拉伸試驗是指在承受軸向拉伸載荷下測定材料特性的試驗方法。利用拉伸試驗得到的數據可以確定材料的彈性極限、伸長率、彈性模量、比例極限、斷面收縮率、抗拉強度、屈服點、屈服強度和其他拉伸性能指標。從高溫下進行的拉伸試驗可以得到蠕變數據。拉伸試驗的試樣一般採用比例圓柱形試樣，形狀如圖 5.2 所示。長試樣 L_0=10d_0，短試樣 L_0=5d_0。

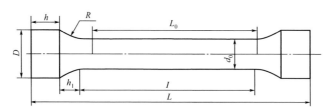

圖 5.2　比例圓柱形拉伸試樣

拉伸試驗常用的萬能材料試驗機如圖 5.3 所示。

(a) WE液壓式　　　　　　　　　　　(b) WDW電子式

圖 5.3　萬能材料試驗機

（3）力 - 伸長曲線

進行拉伸試驗時，拉伸力 F 和試樣伸長量 ΔL 之間的關係曲線稱為力 - 伸長曲線。通常

把拉伸力 F 作為縱座標，試樣伸長量 ΔL 作為橫座標，圖 5.4 表示為退火低碳鋼的力 - 伸長曲線。

在拉伸的初始階段，力 - 伸長曲線 Op 段為一直線，說明拉伸力與伸長量成正比，即滿足虎克定律，此階段稱為線性階段。在該階段，當拉伸力增大時，試樣伸長量 ΔL 也會呈正比例增大。當拉伸力去除時，試樣伸長變形消失，恢復原始形狀，其變化規律符合虎克定律，這種變形稱為彈性變形。圖 5.4 中的 F_p 是試樣保持彈性變形的最大拉伸力。

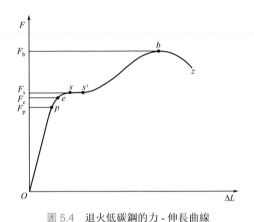

圖 5.4　退火低碳鋼的力 - 伸長曲線

當拉伸力不斷增大超過 F_p 時，試樣將產生塑性變形，去除應力後，變形不能完全恢復，塑性伸長將被保留下來。當拉伸力繼續增大到 F_s 時，力 - 伸長曲線在 s 點後出現一個平臺，即在拉伸力不再增大的情況下，試樣也會明顯伸長，這種現象稱為屈服，F_s 稱為屈服拉伸力。

當拉伸力超過屈服拉伸力後，試樣抵抗變形能力將會增強，此現象稱為冷變形強化，即變形抗力增大。這一現象在力 - 伸長曲線上表現為一段上升曲線，隨著塑性變形量增大，試樣變形抗力也逐漸增大。

當拉伸力達到 F_b 時，試樣的局部截面也開始收縮，產生了頸縮現象。由於頸縮使試樣局部截面迅速縮小，所以最終試樣被拉斷。頸縮現象在力 - 伸長曲線上為一段下降的曲線 bz。F_b 是試樣拉斷前能夠承受的最大拉伸力，稱為極限拉伸力。

從完整的拉伸試驗和力 - 伸長曲線可以看出，試樣從開始拉伸到斷裂要經過彈性變形階段、屈服階段、冷變形強化階段、頸縮與斷裂階段。

（4）強度指標

常用的強度指標有彈性極限、屈服強度、抗拉強度。

彈性極限指金屬材料受外力（拉力）作用到某一限度時，若除去外力，其變形（伸長）即消失而恢復原狀，彈性極限即指金屬材料抵抗這一限度的外力的能力。

屈服強度是金屬材料發生屈服現象時的屈服極限，也就是抵抗微量塑性變形的應力。對於無明顯屈服現象出現的金屬材料，規定以產生 0.2% 殘餘變形的應力值作為其屈服極限，稱為條件屈服極限或屈服強度。

抗拉強度是材料在斷裂前所能承受的最大應力，用符號 R_m 表示。

5.1.2　金屬材料的硬度

硬度是衡量金屬材料軟硬程度的一個力學性能指標，它表示金屬表面上的局部體積內抵抗變形的能力。硬度不是一個簡單的物理概念，而是材料彈性、塑性、強度和韌性等力學性能的綜合指標。

金屬硬度的代號為 H。按硬度試驗方法的不同，硬度包括布氏硬度、洛氏硬度、維氏硬度、里氏硬度等，其中以布氏硬度及洛氏硬度較為常用。

（1）布氏硬度

布氏硬度（HBW）試驗是以一定大小的試驗載荷（P），將一定直徑（D）的硬質合金球壓入被測金屬表面，保持規定時間，然後卸荷，測量被測表面壓痕直徑。布氏硬度測試原理圖如圖 5.5 所示。

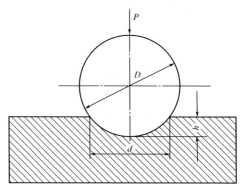

圖 5.5　布氏硬度測試原理圖

式中　d——壓痕直徑，mm；

　　　h——壓痕深度，mm。

布氏硬度的符號用 HBW 表示，布氏硬度單位是 kgf/mm^2（1kgf=9.80665N）。

HBW 表示壓頭為硬質合金球，用於測定布氏硬度值在 650 以下的材料。

布氏硬度試驗的優點是代表性強，數據重複性好，與強度之間存在一定的換算關係。缺點是不能測試較硬的材料，壓痕較大，不適於成品檢驗。該試驗通常用來檢驗鑄鐵、有色金屬、低合金鋼等原材料和調質件的硬度。

　布氏硬度的表示方法：HBW 之前的數字為硬度值，後面按順序用數字表示試驗條件，第一個數字表示壓頭的球體直徑，第二個數字表示試驗載荷，第三個數字表示試驗載荷保持的時間（10 ～ 15s 不標注）。例如，170HBW 10/1000/30 表示用直徑 10mm 的硬質合金球，在 9807N（1000kgf）的試驗載荷作用下，保持 30s 時測得的布氏硬度值為 170；

530HBW 5/750 表示用直徑 5mm 的硬質合金球，在 7355N（750kgf）的試驗載荷作用下，保持 10 ～ 15s 時測得的布氏硬度值為 530。

目前，金屬布氏硬度試驗方法執行 GB/T 231.1—2018 標準，布氏硬度試驗範圍上限為 650HBW。

（2）洛式硬度

洛氏硬度是用一個錐頂角 120°的金剛石圓錐體或直徑為 1.5875mm、3.175mm 的硬質合金球，在一定載荷下壓入被測材料表面，由壓痕的深度求出材料的硬度。洛氏硬度測試原理圖如圖 5.6 所示。根據試驗材料硬度的不同，洛氏硬度用以下三種不同的符號來表示。

HRA：採用 60kg 載荷和金剛石圓錐體壓入器求得的硬度，用於硬度極高的材料（如硬質合金等）。

HRBW：採用 100kg 載荷和直徑 1.5875mm 硬質合金球求得的硬度，用於硬度較低的材料（如退火鋼、鑄鐵等）。

HRC：採用 150kg 載荷和金剛石圓錐體壓入器求得的硬度，用於硬度很高的材料（如淬火鋼等）。

洛式硬度是以壓痕塑性變形深度來確定硬度值指標。以 0.002mm 作為一個硬度單位。當 HBW>450 或者試樣過小時，不能採用布氏硬度試驗，可改用洛氏硬度計量。

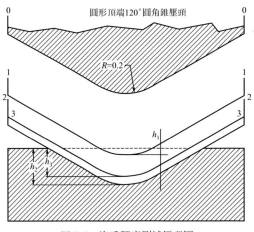

圖 5.6　洛氏硬度測試原理圖

式中，N 為常數，用硬質合金球壓頭時為 130，用金剛石圓錐體壓頭時為 100；S 為給定標尺單位，通常以 0.002mm 為一個硬度單位。

為了能用同一硬度計測定從極軟到極硬材料的硬度，可採用不同的壓頭和試驗力，組成幾種不同的洛氏硬度標尺，其中最常見的是 A、B、C 三種標尺。表 5.1 為這三種常用洛氏硬度標尺的實驗條件和應用（GB/T 230.1—2018）。

表 5.1　常用洛氏硬度標尺的實驗條件和應用

標尺	硬度符號	壓頭類型	總試驗力 F/N	測量範圍	應用舉例
A	HRA	金剛石圓錐	588.4	22HRA ~ 88HRA	碳化物、硬質合金、淬火工具鋼等
B	HRBW	直徑 1.5875mm 球	980.7	10HRBW ~ 100HRBW	軟鋼、銅合金、鋁合金、可鍛鑄鐵
C	HRC	金剛石圓錐	1471	20HRC ~ 70HRC	淬火鋼、調質鋼、深層表面硬化鋼

洛氏硬度的優點：洛氏硬度計操作簡便、試驗效率高，很適合工業化生產的批量檢測；載荷小，壓痕大小相比布氏硬度更小，因此洛氏硬度比較適合薄板帶和薄壁管等試樣的檢測；不同洛氏硬度標尺，其壓頭和總試驗力不同，從而使洛氏硬度能檢測的硬度值範圍廣泛；洛氏硬度試驗有初試驗力，因此試樣表面的輕微不平整對測試值影響較小。

（3）維氏硬度

如圖 5.7 所示，用一個相對面間夾角為 136°的金剛石正稜錐體壓頭，在規定載荷 F 作用下壓入被測試樣表面，保持一定時間後卸除載荷，測量壓痕對角線長度 d，進而計算出壓痕表面積，最後求出壓痕表面積上的平均壓力，即為金屬的維氏硬度值，用符號 HV 表示。在實際測量中，並不需要進行計算，而是根據所測 d 值，直接進行查表得到所測硬度值。

式中，F 為載荷，N；d 為平均壓痕對角線長度，mm；S 為壓痕表面積，mm^2；α 為壓頭相對面夾角，136°。

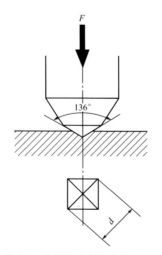

圖 5.7　維氏硬度實驗原理示意圖

維氏硬度計測量範圍廣，可以測量工業上所用到的幾乎全部金屬材料，從很軟的材料（幾個維氏硬度單位）到很硬的材料（3000 個維氏硬度單位）都可測量。

HV 前面的數值為硬度值，後面則為試驗力，如果試驗力保持時間不是通常的 10 ～ 15s，還需在試驗力值後標注保持時間。如：600HV 30/20 表示採用 30kgf（294.2N）的試驗力，保持 20s，得到硬度值為 600。

維氏硬度的優點有以下幾點。

① 維氏硬度計的硬度值與試驗力的大小無關；

② 只要是硬度均勻的材料，可以任意選擇試驗力，其硬度值不變；

③ 在很廣的硬度範圍內具有一個統一的標尺，比洛氏硬度試驗優越；

④ 維氏硬度試驗的試驗力可以小到10gf（0.0980665N），壓痕非常小，特別適合測試薄小材料；

⑤ 維氏試驗的壓痕是正方形，輪廓清晰，對角線測量準確；

⑥ 精度高，重複性好。

5.1.3 金屬材料的衝擊韌性

衝擊韌性是指材料在衝擊載荷作用下吸收塑性變形功和斷裂功的能力，反映材料內部的細微缺陷和抗衝擊性能。衝擊韌性指標的實際意義在於揭示材料的變脆傾向，是反映金屬材料對外來衝擊負荷的抵抗能力，一般由衝擊韌性值（a_k）和衝擊吸收功（A_k）表示，其單位分別為 J/cm^2 和 J。影響鋼材衝擊韌性的因素有材料的化學成分、熱處理狀態、冶煉方法、內在缺陷、加工工藝及環境溫度。

為了評測金屬材料的衝擊韌性，需進行一次衝擊試驗。一次衝擊試驗是一種動力試驗，它包括衝擊彎曲、衝擊拉伸、衝擊扭轉等幾種試驗方法。本節介紹其中最普遍的衝擊彎曲試驗。

（1）衝擊彎曲試驗方法與原理

衝擊彎曲試驗通常在擺錘式衝擊試驗機（圖5.8）上進行，為了使試驗結果能互相比較，所用的試樣必須標準化。按照 GB/T 229—2020 規定，衝擊試驗標準試樣有夏比 U 型缺口試樣和夏比 V 型缺口試樣兩種。兩種試樣的尺寸和加工要求如圖5.9所示。

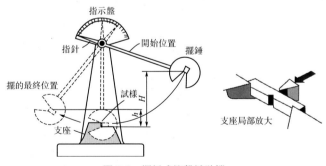

圖5.8 擺錘式衝擊試驗機

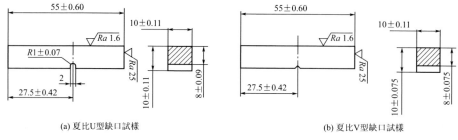

(a) 夏比U型缺口試樣　　　　　　　　　　　　　　　(b) 夏比V型缺口試樣

圖 5.9　兩種試樣的尺寸和加工要求（單位：mm）

試驗時，將試樣放在試驗機兩支座上，把質量為 G 的擺錘抬高到 H 高度，使擺錘具有勢能 GHg（g 為重力加速度）。然後釋放擺錘，將試樣衝斷，並向另一方向升高到 h 高度，這時擺錘具有勢能為 Ghg。故衝斷試樣失去的勢能為 $GHg–Ghg$，這就是試樣變形和斷裂所消耗的功，稱為衝擊吸收功 A_k，即：

根據兩種試樣缺口形狀不同，衝擊吸收功分別用 A_{kU} 和 A_{kV} 表示，單位為 J。衝擊吸收功的值可從試驗機的刻度盤上直接讀得。

一般把衝擊吸收功值低的材料稱為脆性材料，值高的材料稱為韌性材料。脆性材料在斷裂前無明顯的塑性變形，斷口較平整，呈晶狀或瓷狀，有金屬光澤；韌性材料在斷裂前有明顯的塑性變形，斷口呈纖維狀，無光澤。

（2）衝擊彎曲試驗的應用

衝擊彎曲試驗主要用途是揭示材料的變脆傾向，其具體用途如下。

① 評定材料的低溫變脆傾向

有些材料在室溫 20℃ 左右試驗時並不顯示脆性，而在低溫下則可能發生脆斷，這一現象稱為冷脆現象。為了測定金屬材料開始發生這種冷脆現象的溫度，應在不同溫度下進行一系列衝擊彎曲試驗，測出該材料的衝擊吸收功與溫度的關係曲線（圖 5.10）。

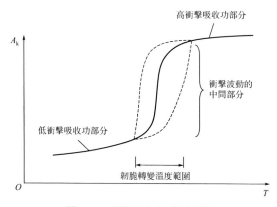

圖 5.10　衝擊吸收功 - 溫度曲線

由圖 5.10 可見，衝擊吸收功隨溫度的降低而減小，當試驗溫度降低到某一溫度範圍時，其衝擊吸收功急劇降低，使試樣的斷口由韌性斷口過渡為脆性斷口。因此，這個溫度範圍稱為韌脆轉變溫度範圍。在該溫度範圍內，通常可根據有關標準或雙方協議，確定某一溫度為該材料的韌脆轉變溫度。

韌脆轉變溫度的高低是金屬材料質量指標之一，韌脆轉變溫度越低，材料的低溫衝擊性能就越好，這對於在寒冷地區和低溫下工作的機械和工程結構（如運輸機械、地面建築、輸送管道等）尤為重要，它們的工作環境溫度可能在 −50 ～ +50℃ 之間變化，所以必須具有更低的韌脆轉變溫度，才能保證工作的正常進行。

② 反映原材料的冶金質量和熱加工產品品質

衝擊吸收功對金屬材料內部結構、缺陷等具有較大的敏感性，很容易揭示出材料中某些物理現象，如晶粒粗化、冷脆、回火脆性、表面夾渣、氣泡、偏析等。故目前常用衝擊彎曲試驗來檢驗冶煉、熱處理及各種熱加工工藝和產品的質量。

5.1.4 金屬材料的斷裂韌度

機械零件（或構件）的傳統強度設計都是用材料的條件屈服強度 $\sigma_{0.2}$ 確定其許用應力，即：

$$\sigma<[\sigma]<\sigma_{0.2}/n$$

式中，σ 為工作應力；$[\sigma]$ 為許用應力；n 為安全係數。

一般認為零件（或構件）在許用應力下工作是安全可靠的，不會發生塑性變形，更不會發生斷裂。但實際情況卻並不總是如此，有些高強度鋼製造的零件（或構件）和中、低強度鋼製造的大型件，往往在工作應力遠低於屈服強度時就發生脆性斷裂。這種在屈服強度以下的脆性斷裂稱為低應力脆斷。高壓容器的爆炸和橋梁、船舶、大型軋輥、發電機轉子的突然折斷等事故，往往都是屬於低應力脆斷。

大量事例分析表明，低應力脆斷是由材料中宏觀裂紋擴展引起的。這種宏觀裂紋在實際材料中是不可避免的，它可能是冶煉和加工過程中產生的，也可能是在使用過程中產生的。因此，裂紋是否易於擴展，就成為材料是否易於斷裂的一種重要指標。在斷裂力學基礎上建立起來的材料抵抗裂紋擴展的性能，稱為斷裂韌度。斷裂韌度可以對零件允許的工作應力和尺寸進行定量計算，故在安全設計中具有重大意義。

（1）裂紋擴展的基本形式

根據應力與裂紋擴展面的取向不同，裂紋擴展可分為張開型（Ⅰ型）、滑開型（Ⅱ型）和撕開型（Ⅲ型）三種基本形式，如圖 5.11 所示。

在實踐中，三種裂紋擴展形式中以張開型（Ⅰ型）最危險，最容易引起脆性斷裂。因此，本節隨後對斷裂韌度的討論，就是以這種形式作為對象。

（2）應力場強度因子 K_I

當材料中有裂紋時，在裂紋尖端處必然存在應力集中，從而形成了應力場。由於裂紋擴展總是從裂紋尖端開始向前推進的，故裂紋能否擴展與裂紋尖端處的應力場大小有直接關係。衡量裂紋尖端附近應力場強弱程度的力學參數稱為應力場強度因子 K_I，腳標 Ⅰ 表示 Ⅰ

型裂紋。K_I 越大，則應力場的應力值也越大。

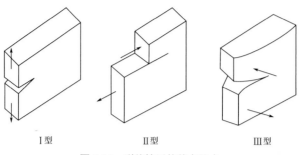

I型　　　　　　　II型　　　　　　　III型

圖 5.11　裂紋擴展的基本形式

I型裂紋應力場強度因子 K_I 的值與裂紋尺寸 a 和外加應力 σ 有如下關係：

式中，Y 為與裂紋形狀、試樣類型及加載方式有關的係數（一般 $Y=1 \sim 2$）。K_I 的單位為 MPa・$m^{1/2}$。

（3）斷裂韌度及其應用

K_I 是一個取決於 σ 和 a 的複合力學參數。K_I 隨 σ 和 a 增大而增大。當 K_I 增大到某一臨界值時，就能使裂紋尖端附近的內應力達到材料的斷裂強度，從而導致裂紋擴展，最終使材料斷裂。這種裂紋擴展時的臨界狀態所對應的應力場強度因子稱為材料的斷裂韌度，用 K_{IC} 表示。K_{IC} 的單位與 K_I 相同，也為 MPa・$m^{1/2}$。

必須指出，K_I 和 K_{IC} 是兩個不同的概念。兩者的區別和 σ 與 $\sigma_{0.2}$ 的區別相似。金屬拉伸試驗時，當應力 σ 增大到條件屈服強度 $\sigma_{0.2}$ 時，材料開始發生明顯塑性變形。同樣，當應力場強度因子 K_I 增大到斷裂韌度 K_{IC} 時，材料中裂紋就會失穩擴展，並導致材料斷裂。

因此，K_I 與 σ 對應，都是力學參數，它們和力及試樣尺寸有關，和材料本身無關。而 K_{IC} 與 $\sigma_{0.2}$ 對應，都是材料的力學性能指標，它們和材料成分、組織結構有關，而和力及試樣尺寸無關。

根據應力場強度因子 K_I 和斷裂韌度 K_{IC} 的相對大小，可判斷含裂紋的材料在受力時裂紋是否會失穩擴展而導致斷裂，即：

式中，σ_c 為裂紋擴展時的臨界狀態所對應的工作應力，稱為斷裂應力；a_c 為裂紋擴展時的臨界狀態所對應的裂紋尺寸，稱為臨界裂紋尺寸。

上式是工程安全設計中防止低應力脆斷的重要依據，它將材料斷裂韌度與零件（或構件）的工作應力及裂紋尺寸的關係定量地連繫起來，應用這個關係式可以解決以下幾方面問題：

① 在測定了材料的斷裂韌度 K_{IC}，並探傷測出零件（或構件）中裂紋尺寸 a 後，可確定零件（或構件）的斷裂應力 σ_c，為載荷設計提供依據。

② 已知材料的斷裂韌度 K_{1c} 及零件（或構件）的工作應力，可確定其允許的臨界裂紋尺寸 a_c，為制定裂紋探傷標準提供依據。

③ 根據零件（或構件）中工作應力及裂紋尺寸 a，確定材料應有的斷裂韌度 K_{1c}，為正確選用材料提供依據。

5.1.5　金屬材料的疲勞強度

（1）疲勞斷裂

工程中有許多零件，如引擎曲軸、齒輪、彈簧及滾動軸承等都是在變動載荷下工作的，根據變動載荷的作用方式不同，零件承受的應力可分為交變應力與重複應力兩種，交變應力如圖 5.12 所示。

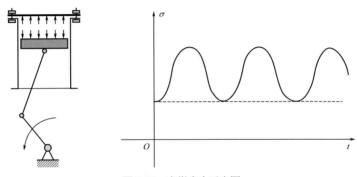

圖 5.12　交變應力示意圖

承受交變應力或重複應力的零件，在工作過程中，往往在工作應力低於其屈服強度的情況下發生斷裂，這種現象稱為疲勞斷裂。不管是脆性材料還是韌性材料，疲勞斷裂都是突然發生的，事先均無明顯塑性變形的預兆，很難事先覺察到，也屬於低應力脆斷，故具有很大的危險性。

產生疲勞斷裂的原因，一般認為是在零件應力高度集中的部位或材料本身強度較低的部位，如原有裂紋、軟點、脫碳、夾雜、刀痕等缺陷處，在交變或重複應力的反覆作用下產生了疲勞裂紋，並隨著應力循環次數的增加，疲勞裂紋不斷擴展，使零件承受載荷的有效面積不斷減小，最後當減小到不能承受外加載荷的作用時，零件即發生突然斷裂。因此，零件的疲勞失效過程可分為疲勞裂紋產生、疲勞裂紋擴展和瞬時斷裂三個階段。疲勞宏觀斷口一般也具有三個區域，即疲勞源、以疲勞源為中心逐漸向內擴展呈海灘狀條紋（貝紋線）的裂紋擴展區和呈纖維狀（韌性材料）或結晶狀（脆性材料）的瞬時斷裂區。圖 5.13 為汽車輪轂螺栓疲勞斷口宏觀形貌。

（2）疲勞曲線與疲勞極限

大量試驗證明，金屬材料所受的交變應力 σ 越大，則斷裂前所經受的載荷循環數（定義為疲勞壽命）越少。如圖 5.14 所示，這種交變應力 σ 與疲勞壽命 N 的關係曲線為疲勞曲線或 σ-N 曲線。

圖 5.13　汽車輪轂螺栓疲勞斷口宏觀形貌

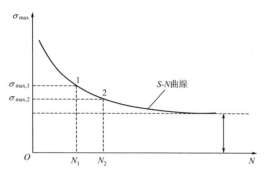

圖 5.14　疲勞曲線（σ-N 曲線）

　　一般情況下，低中強度鋼的 σ-N 曲線特徵是當循環應力小於某一數值時，循環周次可以達到很大，甚至無限大，而試樣仍不會發生疲勞斷裂，此時的應力就是試樣不發生斷裂的最大循環應力，該應力值為疲勞極限。光滑試樣的對稱循環彎曲的疲勞極限用 σ_1 表示。按照 GB/T 4337—2015 規定，一般鋼鐵材料的循環周次為 10^7 次時，能承受的最大循環應力為疲勞極限。

　　（3）提高疲勞極限的途徑

　　由於金屬疲勞極限與抗拉強度的測定方法不同，故它們之間沒有確定的定量關係。但經驗證明，在其他條件相同的情況下，材料抗拉強度越高，其疲勞極限也越高。當鋼材抗拉強度 σ_b<14000MPa 時，σ_1 與 σ_b 之比（稱疲勞比）在 0.4 ～ 0.6 之間。因此，零件的失效形式中，約有 80% 是疲勞斷裂造成的。為了防止疲勞斷裂的產生，必須設法提高零件的疲勞極限。疲勞極限除與選用材料的性質有關外，還可通過以下途徑來提高其疲勞極限：

　　① 在零件結構設計方面盡量避免尖角、缺口和截面突變，以免應力集中及由此引發疲勞裂紋。

　　② 降低零件表面粗糙度，提高表面加工質量，以及盡量減少能成為疲勞源的表面缺陷（氧化、脫碳、裂紋、夾雜等）和表面損傷（刀痕、擦傷、生鏽等）。

　　③ 採用各種表面強化處理，如化學熱處理和噴丸、滾壓等表面冷塑性變形加工，不僅可提高零件表層的疲勞極限，還可獲得有益的表層殘餘壓應力，以抵消或降低產生疲勞裂紋

的拉應力。圖 5.15 為表面強化處理提高疲勞極限示意圖。

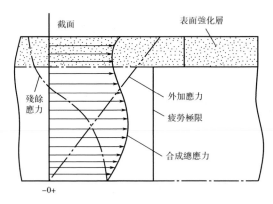

圖 5.15　表面強化處理提高疲勞極限示意圖

圖 5.15 中兩根虛線分別表示外加載荷引起的拉應力和表面強化產生的殘餘應力，這兩類應力的合成應力用箭頭表示，實線為材料及其表面強化層的疲勞極限。由此可見，由於表層的疲勞極限提高，以及表層殘餘壓應力使表層的合成應力降低，其結果為合成應力低於疲勞極限，故不會發生疲勞斷裂。

（4）其他疲勞

① 低周疲勞

上述的疲勞現象是在機件承受的交變應力（或重複應力）較低，加載的頻率較高，而斷裂前所經受循環周次也較高的情況下發生的，故也稱為高周疲勞。

工程中有些機件是在承受交變應力（或重複應力）較高（接近或超過材料的屈服強度），加載頻率較低，並經受循環周次較低（$10^2 \sim 10^5$ 周次）時發生了疲勞斷裂，這種疲勞稱低周疲勞。

由於低周疲勞的交變應力（或重複應力）接近或超過材料的屈服強度，且其加載頻率又較低，致使每一循環周次中，在機件的應力集中部位（諸如轉角、圓孔、溝槽、過渡截面等）都會發生定量的塑性變形，這種循環應變促使疲勞裂紋的產生，並在塑性區中不斷擴張直至機件斷裂。在工程中有許多機件是由於低周疲勞而破壞的，例如，風暴席捲海船的殼體、常年陣風吹刮的橋梁、飛機在起動和降落時的起落架、經常充氣的高壓容器等，它們往往都是因承受循環塑性應變作用而發生低周疲勞斷裂。

應當指出，當機件在高周疲勞下服役時，應主要考慮材料的強度，即選用高強度的材料。而低周疲勞的壽命與材料的強度及各種表面強化處理關係不大，它主要取決於材料的塑性。因而，當機件在低周疲勞下服役時，應在滿足強度要求下，選用塑性較高的材料。

② 衝擊疲勞

工程上許多承受衝擊力的零件，很少在服役期間只經受大能量的一次或幾次衝擊就斷裂失效，一般都是承受小能量的多次（$>10^5$ 次）衝擊才斷裂。這種小能量多次衝擊斷裂和大能量一次衝擊斷裂有本質的不同。它是多次衝擊力引起的損傷累積和裂紋擴展的結果，斷裂後

具有疲勞斷口的特徵，故屬於疲勞斷裂。這種承受小能量衝擊力的零件，在經過千百萬次衝擊後發生斷裂的現象，稱為衝擊疲勞。因此，對這些零件已不能用一次衝擊彎曲試驗所測得的衝擊吸收功 A_{ku}（或 A_{kv}）來衡量其對衝擊力的抗力，而應採用衝擊疲勞抗力的指標。

衝擊疲勞抗力是一個取決於強度和塑性、韌性的綜合力學性能。大量試驗表明，當衝擊能量較高、斷裂前衝擊次數較少時，材料的衝擊疲勞抗力主要取決於塑性和韌性，衝擊能量較低、斷裂前衝擊次數較多時，則主要取決於材料的強度。

③ 熱疲勞

工程上有許多零件，如熱鍛模、熱軋輥、渦輪機葉片、加熱爐零件及熱處理夾具等都是在溫度反覆循環變化下工作的。由於循環變化的溫度引起循環變化的熱應力，這種循環熱應力產生的原因是由於溫度變化時，材料的熱脹冷縮受到來自外部或內部的約束力，使材料不能自由膨脹或收縮，這種情況引起的疲勞稱為熱疲勞。

提高熱疲勞抗力的主要途徑有：降低材料的線膨脹係數；提高材料的高溫強度和導熱性；盡可能減少應力集中和使熱應力得到應有的塑性鬆弛；等。

④ 接觸疲勞

接觸疲勞通常發生在滾動軸承、齒輪、鋼軌與輪轂等這類零件的接觸表面。因為接觸表面在接觸壓應力的反覆長期作用後，會引起材料表面因疲勞損傷而使局部區域產生小片金屬剝落，這種疲勞破壞現象稱為接觸疲勞。接觸疲勞與一般疲勞一樣，同樣有疲勞裂紋產生和疲勞裂紋擴展兩個階段。

接觸疲勞破壞形式有麻點剝落（點蝕）、淺層剝落和深層剝落三類。在接觸表面上出現深度在 0.1 ～ 0.2mm 的針狀或凹坑狀，稱為麻點剝落。淺層剝落深度一般為 0.2 ～ 0.4mm，剝落底部大致和表面平行。深層剝落深度和表面強化層深度相當，產生較大面積的表層壓碎。

提高接觸疲勞抗力的主要途徑有：盡可能減少材料中非金屬夾雜物，改善表層質量（內部組織狀態及外部加工質量）；適當控制內部硬度及表層的硬度與深度；保持良好潤滑狀態。

⑤ 腐蝕疲勞

腐蝕疲勞是零件在腐蝕性環境中承受變動載荷所產生的一種疲勞破壞現象。

由於材料使用時受到腐蝕和疲勞兩個因素的組合作用，加速了疲勞裂紋的產生和擴展，所以它比這兩個因素單獨作用時的危害性大得多。如船舶推進器、壓縮機和燃氣輪機葉片等產生腐蝕疲勞破壞事故在國外常有報導，故腐蝕疲勞也應引起人們重視。

由於材料的腐蝕疲勞極限與抗拉強度間不存在比例關係，因此，提高腐蝕疲勞抗力的主要途徑有：在腐蝕介質中添加緩蝕劑；採用電化學保護；通過各種表面處理方法使零件表面產生殘餘壓應力；等。

5.2　金屬材料的物理性能和化學性能　▶▶▶

5.2.1　金屬材料的物理性能

金屬材料在各種物理條件作用下所表現出的性能稱為物理性能。它包括密度、熔點、導

熱性、導電性、熱膨脹性和磁性等。

（1）密度

物質單位體積的質量稱為該物質的密度，用符號 ρ 表示。密度是金屬材料的一個重要物理性能，不同材料的密度不同。體積相同的不同金屬，密度越大，其質量也越大。在機械製造中，金屬材料的密度與零件自重和效能有直接關係，因此，通常作為零件選材的依據之一。如強度與密度之比稱為比強度，彈性模量 E 與密度 ρ 之比稱為比彈性模量，它們都是零件選材的重要指標。此外，還可以通過測量金屬材料的密度來鑑別材料的材質。

工程上通常將密度小於 $5 \times 10^3 \text{kg/m}^3$ 的金屬稱為輕金屬，密度大於 $5 \times 10^3 \text{kg/m}^3$ 的金屬稱為重金屬。

（2）熔點

金屬從固態轉變為液態的最低溫度，即材料的熔化溫度稱為熔點。每種金屬都有其固定的熔點。

熔點是金屬和合金冶煉、鑄造、焊接過程中的重要工藝參數。一般來說，金屬的熔點低，冶煉、鑄造和焊接都易於進行。工業上常用的防火安全閥及熔斷器等零件，需使用低熔點的易熔金屬，而工業高溫爐、火箭、導彈、燃氣輪機和噴氣飛機等的某些零部件，必須用耐高溫的難熔金屬。

（3）導熱性

金屬材料傳導熱量的性能稱為導熱性，常用熱導率 λ 表示，常見金屬的熱導率參見表 5.2。一般來說，金屬及合金的導熱性遠高於非金屬，金屬材料的熱導率越大，說明導熱性越好。

表 5.2　常見金屬的熱導率

名稱	熔點 /℃	熱導率 /[W/(m·K)]	名稱	熔點 /℃	熱導率 /[W/(m·K)]
灰口鐵	1200	54	鋁	658	238
碳素鋼	1400 ～ 1500	48	鉛	327	35
不鏽鋼		24.5	錫	232	64
黃銅	1083	106	鋅	419	117
青銅	995	64	鎳	1452	94
紫銅	1083	407	鈦	1668	22.4

金屬中銀的導熱性最好，銅、鋁次之。金屬的導熱性對焊接、鍛造和熱處理等工藝有很大影響。導熱性好的金屬，在加熱和冷卻過程中不會產生過大的內應力，可防止工件變形和開裂。此外，導熱性好的金屬散熱性也好，因此，散熱器和熱交換器等傳熱設備的零部件，常選用導熱性好的銅、鋁等金屬材料來製造。導熱性差的材料則可用來製造絕熱材料。

（4）導電性

金屬材料傳導電流的性能稱為導電性，以電導率表示，但常用其倒數——電阻率 ρ 表示。金屬材料的電阻率越小，導電性越好。

通常金屬的電阻率隨溫度的升高而增加。相反，非金屬材料的電阻率隨溫度的升高而降低。金屬及其合金具有良好的導電性能，銀的導電性能最好，銅、鋁次之，故工業上常用

銅、鋁及其合金作導電材料。而導電性差的金屬如康銅、鎢等可製造電熱元件。

（5）熱膨脹性

金屬材料在受熱時體積增大，冷卻時體積縮小的性能稱為熱膨脹性。

熱膨脹性是金屬材料的又一重要性能，在選材、加工、裝配時經常需要考慮該項性能。如軸與軸瓦之間要根據零件材料的線膨脹係數來確定其配合間隙；精密量具應採用線膨脹係數較小的材料製造；工件尺寸的測量要考慮熱膨脹因素的影響以減小測量誤差；等。

（6）磁性

金屬材料能導磁的性能稱為磁性。不同的金屬材料，其導磁性能不同。常用金屬材料中，鐵、鎳、鈷等具有較高磁性，稱為磁性金屬；銅、鋁、鋅等沒有磁性，稱為抗磁金屬。

但金屬材料的磁性也不是永遠不變的，當溫度升高到一定程度時，金屬的磁性會減弱或消失。

一般磁性材料分軟磁材料和永磁材料：軟磁材料易磁化，導磁性良好，但外磁場去除後，磁性基本消失，如電工純鐵、矽鋼片等；永磁材料經磁化後能保持磁場，磁性不易消失，如鋁鎳鈷系和稀土鈷等。

5.2.2　金屬材料的化學性能

在機械製造中，金屬不但要滿足力學性能和物理性能要求，同時還要求具有一定的化學性能，尤其是要求中高溫的機械零件，更應重視金屬的化學性能。

金屬材料的化學性能主要包括：耐蝕性、抗氧化性、化學穩定性、熱穩定性等。

（1）耐蝕性

金屬在常溫下抵抗氧、水及其他化學介質破壞的能力稱為耐蝕性。金屬的耐蝕性是一個重要的性能指標，尤其對在腐蝕性介質（如水、鹽、有毒氣體等）中工作的零件，其腐蝕現象比在空氣中更為嚴重。因此，在選擇製造這些零件的金屬材料時，應特別注意金屬的耐蝕性，應選用耐蝕性好的金屬或合金製造。

（2）抗氧化性

金屬在加熱時抵抗氧化作用的能力稱為抗氧化性。金屬的氧化隨溫度升高而加速，如鋼材在鑄造、鍛造、熱處理、焊接等熱加工作業時，氧化比較嚴重。氧化不僅造成金屬材料過量的損耗，還會形成各種缺陷，因此常採取措施避免金屬材料發生氧化。

（3）化學穩定性

化學穩定性是金屬的耐蝕性與抗氧化性的總稱。金屬在高溫下的化學穩定性稱為熱穩定性。在高溫條件下工作的設備（如鍋爐、加熱設備、汽輪機、噴氣引擎等）及部件都需要選擇熱穩定性好的金屬來製造。

5.3　金屬材料的工藝性能　▶▶▶

工藝性能是金屬材料物理、化學性能和力學性能在加工過程中的綜合反映，是指是否易於進行冷、熱加工的性能。按工藝方法的不同，可分為鑄造性能、可鍛性、焊接性和切削加

工性能等。

（1）鑄造性能

金屬材料的鑄造性能是指金屬能否用鑄造方法獲得合格鑄件的能力，包括：流動性、收縮性、偏析傾向等。

流動性是指液態金屬充滿型腔的能力；收縮性是指金屬從液態凝固成固態時收縮的程度；偏析傾向是指金屬凝固後內部產生的化學成分及組織的不均勻程度。

（2）可鍛性

金屬材料的可鍛性是指金屬材料在受鍛壓後，可改變自己的形狀而不產生破裂的性能。金屬的可鍛性隨著鋼中的含碳量和某些降低金屬塑性等因素的合金元素的增加而變壞。碳鋼一般均能鍛造，低碳鋼可鍛性最好，鍛後一般不需熱處理；中碳鋼次之；高碳鋼則較差，鍛後需熱處理。當含碳量達 2.2% 時，就很難鍛造了。低合金鋼的鍛造性能近似於中碳鋼；高合金鋼鍛造比碳鋼困難。

（3）焊接性

金屬材料的焊接性是指金屬材料在採用一定的焊接工藝（包括焊接方法、焊接材料、焊接規範及焊接結構形式等）的條件下，獲得優良焊接接頭的能力。一種金屬，如果能用較多普通又簡便的焊接工藝獲得優良的焊接接頭，則認為這種金屬具有良好的焊接性。

金屬材料焊接性一般分為工藝焊接性和使用焊接性兩個方面。

工藝焊接性是指在一定焊接工藝條件下，獲得優良、無缺陷焊接接頭的能力。它不是金屬固有的性質，而是根據某種焊接方法和所採用的具體工藝措施來進行評定的。所以金屬材料的工藝焊接性與焊接過程密切相關。

使用焊接性是指焊接接頭或整個結構滿足產品技術條件規定的使用性能的程度。使用性能取決於焊接結構的工作條件和設計上提出的技術要求。通常包括力學性能、抗低溫韌性、抗脆斷性能、高溫蠕變、疲勞性能、持久強度、耐蝕性能和耐磨性能等。例如常用的 S30403、S31603 不鏽鋼就具有優良的耐蝕性能，16MnDR、09MnNiDR 低溫鋼具備良好的抗低溫韌性性能。

（4）切削加工性能

材料的切削加工性能是指切削加工金屬材料的難易程度。

切削加工性能一般由工件切削後的表面粗糙度及刀具壽命等方面來衡量。影響切削加工性能的因素主要有工件的化學成分、組織、狀態、硬度、塑性、導熱性和形變強度等。一般認為金屬材料具有適當的硬度和足夠的脆性時較易切削。所以鑄鐵比鋼切削加工性能好，一般碳鋼比高合金鋼切削加工性能好。改變鋼的化學成分和進行適當的熱處理，是改善鋼切削加工性能的重要途徑。

在設計零件和選擇工藝方法時，都要考慮金屬材料的工藝性能。例如，灰鑄鐵的鑄造性能優良，是其廣泛用來製造鑄件的重要原因，但它們的可鍛性極差，不能進行鍛造，焊接性也較差。又如，低碳鋼的焊接性優良，而高碳鋼則很差，因此焊接結構廣泛採用低碳鋼。

以上各工藝性能目前發展都已經比較成熟，近年來金屬材料的 3D 列印技術已經越來越引起人們的關注。

金屬材料 3D 列印技術的核心工藝是數控設備作為輔助，用高能束流（雷射、電子束等）

將金屬材料以球形粉末狀或者絲材的形式進行逐層熔融沉積成構件。主要的成型方式包括：雷射選區燒結技術（SLS）、雷射選區熔化技術（SLM）和電子束選區熔化成型技術（EBM）等。

5.4 鋁及鋁合金 ▶▶▶

5.4.1 鋁及鋁合金簡介

鋁在地殼中含量近 8.2%，列全部化學元素含量的第三位（僅次於氧和矽），列全部金屬元素含量的第一位（Fe 為 5.1%；Mg 為 2.1%；Ti 為 0.6%）。鋁以化合態存在於各種岩石或礦石中，如長石、雲母、高嶺土、鋁土礦、明礬。常見含鋁礦物如圖 5.16 所示。

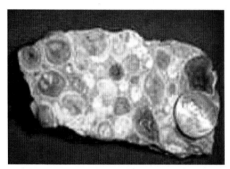

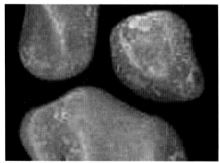

圖 5.16　常見含鋁礦物

鋁合金是以鋁為基礎，加入一種或幾種其他元素（如銅、鎂、矽、錳、鋅等）構成的合金，從而提高了強度。鋁合金具有良好的耐蝕性和加工性。

金屬鋁最初是用化學法製取的。1825 年丹麥化學家 H. C. Örested 和 1827 年德國化學家 F. Wöhler 分別用鉀汞合金和鉀還原無水氯化鋁，都得到少量金屬鋁粉末。1854 年 F. Wöhler 還用氯化鋁氣體通過熔融鉀的表面，得到了金屬鋁珠，每顆重 10 ～ 15mg，因而能夠初步測定鋁的密度，並認識到鋁的熔點不高，具有延展性。電解法煉鋁起源於 1854 年，德國

化學家 R. W. Bunsen 和法國化學家 S. G. Deville 分別電解氯化鈉 - 氯化鋁絡鹽，得到金屬鋁。1854 年 S. G. Deville 在法國巴黎附近建立了一座小型煉鋁廠。1865 年俄國化學家 H. H. BeKeTOB 提議用鎂來置換冰晶石中的鋁，這一方案被德國 Gmelingen 工廠採用。由於電解法興起，化學法便漸漸被淘汰。在整個化學法煉鋁階段中（1854 ～ 1895 年），大約總共生產了 200t 鋁。1883 年美國人 S.Bradley 申請了電解熔融冰晶石的專利。

鋁合金按生產工藝可分為鑄造鋁合金和變形鋁合金兩大類。鑄造鋁合金又可分為 Al- Si 系鑄造鋁合金、Al-Cu 系鑄造鋁合金、Al-Mg 系鑄造鋁合金。變形鋁合金可分為防鏽鋁、硬鋁、鍛鋁和超硬鋁四類。防鏽鋁包括 Al-Mn 及 Al-Mg 系合金，耐蝕性好，機械強度高於工業純鋁，同時具有良好的焊接性，但不能熱處理強化。硬鋁屬 Al-Cu-Mg 合金系，具有很強的時效硬化能力，可熱處理強化。銅是硬鋁中的主要合金元素，為了提高強度，銅含量控制在 4.0% ～ 4.8% 的範圍內。鍛鋁合金有 Al-Mg-Si 和 Al-Mg-Si-Cu 系普通鍛用鋁合金及 Al-Cu-Mg-Fe-Ni 系耐熱鍛鋁合金三種。該類合金的主要特點是有良好的熱塑性，適用於生產鍛件。超硬鋁屬 Al-Zn-Mg-Cu 系，是鋁合金中強度最高的一類。通過控制鎂、鋅總量，添加適量的銅、鉻及錳，可改善合金的抗應力和抗腐蝕能力。

Al-Zn-Mg-Cu 超高強度鋁合金具有良好的切削性能，機械強度高，耐磨性能好，經熱處理後硬度高，中國此材料已逐步代替銅材（因鋁合金的密度為銅合金的 1/3），氧化性能一般，可生產鋁棒、方棒、異型棒，但不可生產空腔產品，廣泛用於汽車活塞、受力元件、氣動元件、五金件、機車配件、接頭等。

5.4.2　鋁及鋁合金性能

（1）鋁及鋁合金的性能特點

①　密度小，熔點低，導電性、導熱性好，磁化率低。純鋁的密度為 2.72g/cm³，僅為鐵的 1/3，熔點為 660.4℃，導電性僅次於 Cu、Au、Ag。鋁合金的密度也很小，熔點更低，但導電、導熱性不如純鋁。鋁及鋁合金的磁化率極低，屬於非鐵磁材料。

②　抗大氣腐蝕性能好。鋁和氧的化學親和力大，在大氣中，鋁和鋁合金錶面會很快形成一層緻密的氧化膜，防止內部繼續氧化。但在鹼和鹽的水溶液中，氧化膜易破壞，因此不能用鋁及鋁合金製作的容器盛放鹽和鹼溶液。

③　加工性能好，比強度高。純鋁為面心立方晶格，無同素異構轉變，具有較高的塑性（δ=30% ～ 50%，ψ=80%），易於壓力加工成型，並有良好的低溫性能。純鋁的強度低，σ_n=70MPa，雖經冷變形強化，強度可提高到 150 ～ 250MPa，但也不能直接用於製作受力的結構件。鋁合金通過冷成型和熱處理，其抗拉強度可達到 500 ～ 600MPa，相當於低合金鋼的強度，比強度高，成為飛機的主要結構材料。

（2）提高鋁及鋁合金強度的主要途徑

①固溶強化

純鋁中加入合金元素，形成鋁基固溶體，造成晶格畸變，阻礙了位錯的運動，產生固溶強化的作用，可使其強度提高。根據合金化的一般規律，形成無限固溶體或高濃度的固溶體型合金時，不僅能獲得高的強度，而且還能獲得優良的塑性與良好的壓力加工性能。Al-Cu、Al-Mg、Al-Si、Al-Zn、Al-Mn 等二元合金一般都能形成有限固溶體，並且均有較大的極限

溶解度，因此具有較大的固溶強化效果。

②時效強化

合金元素對鋁的另一種強化作用是通過熱處理實現的。但由於鋁沒有同素異構轉變，所以其熱處理相變與鋼不同。鋁合金的熱處理強化，主要是由於合金元素在鋁合金中有較大的固溶度，且隨溫度的降低而急劇減小。所以鋁合金經加熱到某一溫度淬火後，可以得到過飽和的鋁基固溶體。這種過飽和鋁基固溶體放置在室溫或加熱到某一溫度時，其強度和硬度隨時間的延長而升高，但塑性、韌性則降低，這個過程稱為時效。在室溫下進行的時效稱為自然時效，在加熱條件下進行的時效稱為人工時效。時效過程中使鋁合金的強度、硬度升高的現象稱為時效強化或時效硬化。其強化效果是依靠時效過程中產生的時效硬化現象來實現的。

③過剩相強化

假如鋁中加入合金元素的數量超過了極限溶解度，則在固溶處理加熱時，就有一部分不能溶入固溶體的第二相出現，稱為過剩相。在鋁合金中，這些過剩相通常是硬而脆的金屬間化合物。它們在合金中阻礙位錯運動，使合金強化，這稱為過剩相強化。在生產中經常採用這種方式來強化鑄造鋁合金和耐熱鋁合金。過剩相數量越多，分佈越彌散，則強化效果越好。但過剩相太多，則會使強度和塑性都降低。過剩相成分結構越複雜，熔點越高，則高溫熱穩定性越好。

④細化組織強化

許多鋁合金組織都是由 α 固溶體和過剩相組成的。若能細化鋁合金的組織，包括細化 α 固溶體或細化過剩相，就可使合金得到強化。由於鑄造鋁合金組織比較粗大，所以實際生產中經常利用變質處理的方法來細化合金組織。變質處理是在澆注前在熔融的鋁合金中加入占合金質量 2% ～ 3% 的變質劑（常用鈉鹽混合物：2/3NaF+1/3NaCl），以增加結晶核心，使組織細化。經過變質處理的鋁合金可得到細小均勻的共晶體加初生 α 固溶體組織，從而顯著地提高鋁合金的強度及塑性。

工業鋁合金的二元相圖一般具有如圖 5.17 的形式。根據合金的成分和生產工藝不同，將鋁合金分為兩類：變形鋁合金和鑄造鋁合金。成分小於 D 點的合金為變形鋁合金；成分大於 D 點的合金，由於凝固時發生共晶反應，熔點低，流動性好，適於鑄造，為鑄造鋁合金。在變形鋁合金中，成分小於 F 點的合金不能熱處理強化，稱為不能熱處理強化的鋁合金，而成分位於 F 與 D 之間的合金，其固溶體成分隨溫度而變化，可進行固溶強化＋時效強化，稱為能熱處理強化的鋁合金。提高鋁與鋁合金強度的主要途徑是冷變形（加工硬化）、變質處理（細化組織強化）和固溶＋時效處理（時效強化）。

5.4.3　鋁及鋁合金在 3D 列印中的應用

在鋁合金的市場發展態勢方面，根據 Smar Tech 的預測，鋁合金占金屬 3D 列印中所有金屬粉末的消耗量（按體積計算）從 2014 年的 5.1% 將逐漸提高到 2026 年的 11.7% 左右，鋁合金在汽車行業的 10 年複合成長率為 51.2%。

鋁矽 12 是一種具有良好熱性能的輕質積層製造金屬粉末。AlSi10Mg 中矽 / 鎂組合可顯著增加合金的強度和硬度。這種鋁合金適用於薄壁、複雜幾何形狀的零件，是需要良好的熱性能和低質量場合中理想的應用材料。其製成的零件組織緻密，有鑄造或鍛造零件的相似

性。典型的應用包括汽車、航空航太和航空工業級的原型及生產零部件，例如換熱器這樣的薄壁零件。

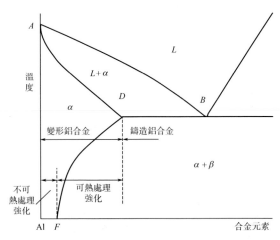

圖 5.17　鋁合金相圖的基本形式

2015 年，空客防務和航太公司在英國宣稱，他們已經使用鋁生產了第一個航太質量的 3D 列印部件（圖 5.18）。該部件是英國國家空間技術計劃下面一個兩年期的研究和開發項目的成果。英國國家空間技術計劃是由 Innovate UK 和英國航太局共同發起的。

圖 5.18　英國國家空間技術計劃研發的航空航太零部件

對於工業級 3D 印表機而言，3D 列印材料的堅韌性是決定其應用廣泛與否的一個重要方面。美國普渡大學（Purdue University）研究助理兼實驗室技術員 Dahlon P Lyles 為了進行關於晶格結構的概念驗證，用鋁合金 3D 列印了一個晶格結構的立方體（圖 5.19）。為了測試這個鋁合金晶格的強度，Lyles 和他的團隊對 3.9g 的 3D 列印立方體進行了擠壓試驗。最終結果表明，晶格最大能夠承受的質量達到幾乎 900lb（408kg）。也就是說，這個小小的立方體結構能夠承受其自身 104615 倍的質量。Lyles 表示，由於質量輕、堅硬度好，晶格結構未來不僅僅能在醫學領域得到應用，而且在建築、工程領域都具有較好的應用前景。

圖 5.19　鋁製的晶格結構

2020 年，國家積層製造創新中心、西安交通大學盧秉恆院士團隊利用電弧熔絲增減材一體化製造技術，製造完成了世界上首件 10m 級高強鋁合金重型運載火箭連接環樣件（圖 5.20），在整體製造的工藝穩定性、精度控制及變形與應力調控等方面均實現重大技術突破。

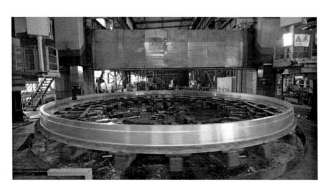

圖 5.20　10m 級高強鋁合金重型運載火箭連接環樣件

10m 級超大型鋁合金環件是連接重型運載火箭儲箱的筒段、前後底與火箭的箱間段之間的關鍵結構件。該樣件重約 1t，創新採用多絲協同工藝裝備，製造工藝大為簡化，成本大幅降低，製造週期縮短至 1 個月。目前，採用增減材一體化製造技術成功完成超大型環件屬國際首例。

5.5　鈦合金　▷▷▷

5.5.1　鈦合金簡介

鈦是 1950 年代發展起來的一種重要的結構金屬，鈦合金因具有強度高、耐蝕性好、耐熱性高等特點而被廣泛用於各個領域。世界上許多國家都認識到鈦合金材料的重要性，相繼對其進行研究開發，並得到了實際應用。

第一個實用的鈦合金是 1954 年美國研製成功的 Ti-6Al-4V 合金，由於它的耐熱性、強度、塑性、韌性、成形性、可焊性、耐蝕性和生物相容性均較好，成為鈦合金工業中的王牌合金，該合金使用量已占全部鈦合金的 75% ～ 85%。其他許多鈦合金都可以看作是 Ti-6Al-4V 合金的改型。

1950 至 60 年代，主要是發展航空引擎用的高溫鈦合金和機體用的結構鈦合金，1970 年代開發出一批耐蝕鈦合金，1980 年代以來，耐蝕鈦合金和高強鈦合金得到進一步發展。耐熱鈦合金的使用溫度已從 1950 年代的 400℃ 提高到 1990 年代的 600 ～ 650℃。Ti_3Al 和 TiAl 基合金的出現，使鈦在引擎的使用部位由引擎的冷端（風扇和壓氣機）向引擎的熱端（渦輪）方向推進。結構鈦合金向高強、高塑、高韌、高模量和高損傷容限方向發展。

另外，1970 年代以來，還出現了 Ti-Ni、Ti-Ni-Fe、Ti-Ni-Nb 等形狀記憶合金，並在工程上獲得日益廣泛的應用。

世界上已研製出的鈦合金有數百種，最著名的合金有 20 ～ 30 種，如 Ti-6Al-4V、Ti-5Al-2.5Sn、Ti-2Al-2.5Zr、Ti-32Mo、Ti-Mo-Ni、Ti-Pd、SP-700、Ti-6242、Ti-10-5-3、Ti-1023、BT9、BT20、IMI829、IMI834 等。

中國占據著全世界 30% 的鈦資源儲量。世界金融危機曾一度使得鈦行業萎靡，但中國的資源是最大的優勢。而且全球的航空事業仍在蓬勃發展，而鈦合金作為航空材料的主要材料必能得到長足發展。

隨著中國 ARJ-21 和 C919 商用飛機項目的深入推進，中國鈦工業高端化發展具有政策和市場雙重利好支持。並且，與經濟實力提升相匹配的國防建設也有助於中國鈦產業鏈延伸發展。其次，波音 787 試飛成功以及空客 A380 的交付使用，市場對國際客機兩大巨頭恢復鈦材需求的預期愈來愈強。

近年來，中國航空事業迅速發展，神舟系列載人飛船的不斷升空，北斗系列衛星不斷完善，推動著中國航空航太和國防產業的建設，在帶動鈦行業發展的同時也在逐步實現資源優勢向產業鏈優勢的轉變。

5.5.2　鈦合金性能

鈦是一種新型金屬，鈦的性能與所含碳、氮、氫、氧等雜質含量有關，最純的碘化鈦雜質含量不超過 0.1%，但其強度低、塑性高。99.5% 工業純鈦的性能為：密度 ρ=4.5g/cm³，熔點為 1725℃，熱導率 λ=15.24W/(m・K)，抗拉強度 σ_b=539MPa，伸長率 δ=25%，斷面收縮率 ψ=25%，彈性模量 E=1.078×10⁵MPa，硬度 195HBW。

鈦合金的密度僅為鋼的 60%，純鈦的密度才接近普通鋼的密度，一些高強度鈦合金超過了許多合金結構鋼的強度。因此鈦合金的比強度遠大於其他金屬結構材料，可製出單位強度高、剛性好、質輕的零部件。飛機的引擎構件、骨架、蒙皮、緊固件及起落架等都使用鈦合金。鈦合金的主要性能如下：

（1）熱強度高

鈦合金使用溫度比鋁合金高幾百攝氏度，在中等溫度下仍能保持所要求的強度，可在 450 ～ 500℃ 的溫度下長期工作的鈦合金在 150 ～ 500℃ 範圍內仍有很高的比強度，而鋁合金在 150℃ 時比強度明顯下降。鈦合金的工作溫度可達 500℃，鋁合金則在 200℃ 以下。

（2）耐蝕性好

鈦合金在潮濕的大氣和海水介質中工作，其耐蝕性遠優於不鏽鋼；對點蝕、酸蝕、應力腐蝕的抵抗力特別強；對鹼、氯化物、氯的有機物、硝酸、硫酸等有優良的耐蝕性。但鈦對具有還原性氧及鉻鹽介質的耐蝕性差。

（3）低溫性能好

鈦合金在低溫和超低溫下，仍能保持其力學性能。間隙元素極低的鈦合金，如 TA7，在 –253℃ 下還能保持一定的塑性。因此，鈦合金也是一種重要的低溫結構材料。

（4）化學活性大

鈦的化學活性大，能與大氣中 O_2、N_2、H_2、CO、CO_2、水蒸氣、氨氣等產生強烈的化學反應。含碳量大於 0.2% 時，會在鈦合金中形成硬質 TiC；溫度較高時，與 N 作用也會形成 TiN 硬質表層；在 600℃ 以上時，鈦吸收氧形成硬度很高的硬化層；氫含量上升，也會形成脆化層。吸收氣體而產生的硬質表層深度可達 0.1 ～ 0.15 mm，硬化程度為 20% ～ 30%。鈦的化學親和性也大，易與摩擦表面產生黏附現象。

（5）導熱彈性小

鈦的熱導率 λ=15.24W/(m・K)，約為鎳的 1/4，鐵的 1/5，鋁的 1/14，而各種鈦合金的熱導率比鈦的熱導率約下降 50%。鈦合金的彈性模量約為鋼的 1/2，故其剛性差、易變形，不宜製作細長桿和薄壁件，切削時加工表面的回彈量很大，約為不鏽鋼的 2 ～ 3 倍，造成刀具後刀面的劇烈摩擦、黏附、黏結磨損。

5.5.3　鈦合金在 3D 列印中的應用

（1）牙科和骨科領域

鈦合金具有耐高溫、高耐蝕性、高強度、低密度、良好的生物相容性等優點。在用於人體硬組織修復的金屬材料中，Ti 的彈性模量與人體硬組織最接近，約 80 ～ 110GPa，這可減輕金屬種植體與骨組織之間的機械不適應性。因此，鈦合金在醫療領域有著廣泛的應用前

景，越來越受到醫師和患者的重視。

最初應用於臨床的鈦合金主要以純 Ti 和 Ti6Al4V 為代表。20 世紀中期，美國和英國首先將純 Ti 應用於生物體中，中國於 1970 年代初開始把人工鈦髖關節應用於臨床。純 Ti 在生理環境中具有良好的耐蝕性，但其強度和耐磨損性能較差，從而限制了其在承力部位的應用，主要用於口腔修復及承力較小部位的骨替換。與純 Ti 相比，Ti6Al4V 合金具有較高的強度和較好的加工性能，最初是為航太應用設計，到 1970 年代後期被廣泛用作外科修復材料，圖 5.21 展示的是脊柱外科手術中常用的鈦合金支架。長期以來，國外的研究主要以 Ti6Al4V 為主，但因 Al、V 等是對人體有害的元素，因而研究方向轉至不含 Al 和 V 的新型 β 型鈦合金，如 TiZrNbSn、Ti24Nb4Zr7.6Sn 等。

圖 5.21　3D 列印的鈦合金支架

現今，骨科適合運用 3D 列印技術的有骨科手術輔助和骨置換體。手術輔助是指根據病患損傷或需要去除部分數據列印出假骨和輔助導板，使用假骨和導板模擬手術，研究切割位、打孔位、打孔深度等，大幅度提高手術質量，降低手術風險和難度，縮減手術時間，減輕病患痛苦。骨假體利用 3D 列印技術直接製造成輕量化多孔骨，利於假骨活體化，可在空隙內再生人體組織細胞，且定製的假體假骨跟患者身體所長形態相同，最終手術完成後達到接近人體真骨的效果。

■■■ 拓展閱讀 ─────────────────────────────

　　2014 年 4 月，第四軍醫大學西京醫院骨科郭徵教授帶領的團隊完成亞洲首例鈦合金 3D 列印骨盆腫瘤假體植入術，使患者巨大腫瘤切除後的缺失骨盆得到精細化重建，解決了複雜部位骨腫瘤切除後骨缺損個體化重建的臨床難題。

　　2015 年 7 月，第四軍醫大學唐都醫院胸腔外科為一名胸骨腫瘤患者成功實施 3D 列印鈦合金胸骨植入手術，術後患者恢復良好，無任何並發癥出現，這也成為世界首例 3D 列印鈦合金胸骨植入術。

牙科具有個性化定製快速需求、輕量微型等突出特點，特別適合採用金屬粉末（特別是鈦合金）的 3D 列印技術，產品有牙冠、牙橋、舌側正畸托槽、假牙支架、牙釘等（圖5.22）。如果採用傳統製造方式，製造週期長，難以滿足個性化需求。同時製造精度不高，難以加工高硬度材料，需要高強度密集手工操作，人工成本高，製造產品品質受制於技師水準等。而採用 3D 列印生產牙科相關植入體零件可避免這些問題，可直接輸入 3D 數據，使用鈦合金等粉末列印，即可獲得合格的牙科植入體零件。

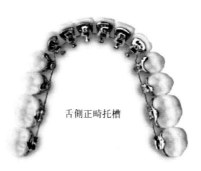

舌側正畸托槽

牙冠

圖 5.22　舌側正畸托槽與牙冠

（2）航空航太領域

　　傳統鍛造和鑄造技術製備的鈦合金件已被廣泛應用於高新技術領域，但由於產品成本高、工藝複雜和較長交貨週期，限制了其應用範圍，特別是有定製化要求的航空航太領域更突顯了傳統加工方式的弊端。

　　「輕量化」和「高強度」一直是航空航太設備製造和研發的主要目標，而由 3D 列印製造的金屬零件則完全符合其對設備的要求。首先，3D 列印技術集概念設計、技術驗證與生產製造於一體，可快速實現小規模產品創新，縮短研發時間。通過 3D 列印某些零件，可節約材料，3D 列印所特有的積層製造技術能使原材料利用率高達 90%，降低生產成本，沒有複雜的傳統工藝，縮短製造時間，且可製造出形狀複雜的零部件。

　　航空引擎用鈦合金主要包括 TC4、TA11、TC18 等；在飛機機身中較廣泛應用的鈦合金有 TB8、TB6、TB9 等。2016 年，比利時航空航太公司 Sonaca 與法孚米其林 FMAS 公司

宣布合作，為航空航太行業開發和製造 3D 列印的鈦合金零件。法國也投資 1050 萬美元啟動 FAIR 項目，以幫助推進該國工業積層製造技術的發展。美國使用 3D 列印鈦合金零件的 F-35 戰機已進行試飛。

■■■ 拓展閱讀

中國 3D 列印航空航太領域較突出的科研團隊為西北工業大學凝固技術國家重點實驗室黃衛東教授所帶領的團隊以及北京航空航天大學王華明教授所帶領的團隊。他們在航空航太領域均取得了較大的成果。西北工業大學團隊已經用 3D 列印製造技術製造了 3m 長的用於中國產 C919 飛機上的鈦合金中央翼緣條。

此外，中國航天科工三院 306 所技術人員成功突破 TA15 和 Ti2AlNb 異種鈦合金材料梯度過渡複合技術，採用雷射 3D 列印試製出的具有大溫度梯度一體化鈦合金結構進氣道試驗件順利通過了力熱聯合試驗。該技術成功融合了雷射 3D 列印與梯度結構複合製造兩種工藝，解決了傳統連接方式（如法蘭連接、焊接等工藝方法）帶來的增重、密封性差和結構件整體強度剛度低等問題，為具有溫度梯度結構的開發設計與製造開闢了新的研製途徑。同時，開創了一種異種材料間非傳統連接的製造模式，實現了結構功能一體化零部件的設計與製造。

3D 列印還可直接用於零部件的修復和製造。圖 5.23 是利用 3D 列印製造的典型的航空葉片。航空航太零件結構較複雜，且成本很高昂，一旦出現瑕疵或缺損，可能造成數十萬甚至上百萬元的損失。而 3D 列印技術可用同一材料將缺損部位修補成完整形狀，修復後的性能不受影響，大大節省時間和金錢。

圖 5.23　3D 列印的航空葉片

5.6.1 不鏽鋼簡介

不鏽鋼（Stainless Steel）是不鏽耐酸鋼的簡稱，耐空氣、蒸汽、水等弱腐蝕介質或具有不鏽性的鋼種稱為不鏽鋼；而將耐化學腐蝕介質（酸、鹼、鹽等）腐蝕的鋼種稱為耐酸鋼。由於兩者在化學成分上的差異，使它們的耐蝕性不同，普通不鏽鋼一般不耐化學介質腐蝕，耐酸鋼則一般均具有不鏽性。

「不鏽鋼」一詞不僅僅單純指一種不鏽鋼，而是表示一百多種工業不鏽鋼，所開發的每種不鏽鋼都在其特定的應用領域具有良好的性能。成功的關鍵首先是要弄清用途，然後再確定正確的鋼種。和建築構造應用領域有關的鋼種通常只有六種。它們都含有 17% ～ 22% 的鉻，較好的鋼種還含有鎳。添加鉬可進一步改善大氣腐蝕性，特別是耐含氯化物大氣的腐蝕。

不鏽鋼常按組織狀態分為：馬氏體不鏽鋼、鐵素體不鏽鋼、奧氏體不鏽鋼、奧氏體-鐵素體雙相不鏽鋼及沉澱硬化不鏽鋼等。另外，不鏽鋼可按成分分為：鉻不鏽鋼、鉻鎳不鏽鋼和鉻錳氮不鏽鋼等。還有用於壓力容器用的專用不鏽鋼。

（1）鐵素體不鏽鋼

鐵素體不鏽鋼含 Cr 15% ～ 30%，其耐蝕性、韌性和可焊性隨含鉻量的增加而提高，耐氯化物應力腐蝕性能優於其他種類不鏽鋼，屬於這一類的不鏽鋼有 Cr17、Cr17Mo2Ti、Cr25、Cr25Mo3Ti、Cr28 等。鐵素體不鏽鋼因為含鉻量高，耐蝕性與抗氧化性能均比較好，但機械性能與工藝性能較差，多用於受力不大的耐酸結構及作抗氧化鋼使用。這類鋼能抵抗大氣、硝酸及鹽水溶液的腐蝕，並具有高溫抗氧化性能好、熱膨脹係數小等特點，用於硝酸及食品工廠設備，也可製作在高溫下工作的零件，如燃氣輪機零件等。

（2）奧氏體不鏽鋼

奧氏體不鏽鋼含鉻大於 18%，還含有 8% 左右的鎳及少量鉬、鈦、氮等元素，綜合性能好，可耐多種介質腐蝕。奧氏體不鏽鋼的常用牌號有 1Cr18Ni9、0Cr19Ni9 等。0Cr19Ni9 鋼的 w_c<0.08%，鋼號中標記為「0」。這類鋼中含有大量的 Ni 和 Cr，使鋼在室溫下呈奧氏體狀態。這類鋼具有良好的塑性、韌性、焊接性、耐蝕性和無磁或弱磁性，在氧化性和還原性介質中耐蝕性均較好，用來製作耐酸設備，如耐蝕容器及設備襯裡、輸送管道、耐硝酸的設備零件等，另外還可用作不鏽鋼鐘錶飾品的主體材料。奧氏體不鏽鋼一般採用固溶處理，即將鋼加熱至 1050 ～ 1150℃，然後水冷或風冷，以獲得單相奧氏體組織。

（3）奧氏體-鐵素體雙相不鏽鋼

奧氏體-鐵素體雙相不鏽鋼兼有奧氏體和鐵素體不鏽鋼的優點，並具有超塑性，奧氏體和鐵素體組織各約占一半。在含碳量較低的情況下，鉻含量在 18% ～ 28%，鎳含量在 3% ～ 10%。有些鋼還含有 Mo、Cu、Si、Nb、Ti、N 等合金元素。該類鋼與鐵素體相比，塑性、韌性更高，無室溫脆性，耐晶間腐蝕性能和焊接性能均顯著提高，同時還保持有鐵素體不鏽鋼的 475℃脆性以及高熱導率，具有超塑性等特點。與奧氏體不鏽鋼相比，該類鋼強度高且

耐晶間腐蝕和耐氯化物應力腐蝕有明顯提高。雙相不鏽鋼具有優良的耐孔蝕性能，也是一種節鎳不鏽鋼。

（4）沉澱硬化不鏽鋼

沉澱硬化不鏽鋼基體為奧氏體或馬氏體組織，沉澱硬化不鏽鋼的常用牌號有04Cr13Ni8Mo2Al等。該類鋼是能通過沉澱硬化（又稱時效硬化）處理使其硬（強）化的不鏽鋼。

（5）馬氏體不鏽鋼

馬氏體不鏽鋼強度高，但塑性和可焊性較差。馬氏體不鏽鋼的常用牌號有1Cr13、3Cr13等，因含碳較高，故具有較高的強度、硬度和耐磨性，但耐蝕性稍差，用於力學性能要求較高、耐蝕性要求一般的一些零件上，如彈簧、汽輪機葉片、水壓機閥等。這類鋼是在淬火、回火處理後使用的。鍛造、衝壓後需退火。

5.6.2 不鏽鋼在 3D 列印中的應用

傳統切削不鏽鋼材料加工主要有幾個難點。

① 切削力大，切削溫度高。不鏽鋼強度大，切削時切向應力大、塑性變形大，因而切削力大。此外材料導熱性極差，造成切削溫度高，且高溫往往集中在刀具刃口附近的狹長區域內，從而加快了刀具的磨損。

② 加工硬化嚴重。一些高溫合金不鏽鋼在切削時加工硬化傾向大，通常是普通碳素鋼的數倍，刀具在加工硬化區域內切削，壽命會縮短。

③ 容易黏刀。不鏽鋼均存在加工時切屑強韌、切削溫度很高的特點。當強韌的切屑流經前刀面時，將產生黏結、熔焊等黏刀現象，影響加工零件表面粗糙度。

而 3D 列印不鏽鋼材料使用雷射選區熔化（SLM）成型工藝，可製造不受幾何形狀限制的零部件，縮短了產品的開發製造週期，可快速高效地進行小批量複雜零部件的生產製造等。

目前，應用於金屬 3D 列印的不鏽鋼主要有三種：奧氏體不鏽鋼 316L、馬氏體不鏽鋼15-5PH、馬氏體不鏽鋼 17-4PH。

奧氏體不鏽鋼 316L，具有高強度和耐腐蝕性，可在很寬的溫度範圍下降到低溫，可應用於航空航太、石化等行業，也可以用於食品加工和醫療等領域。

馬氏體不鏽鋼 15-5PH，又稱馬氏體時效（沉澱硬化）不鏽鋼，具有很高的強度、良好的韌性、耐腐蝕性，而且可以進一步硬化，是無鐵素體。目前，廣泛應用於航空航太、石化、化工、食品加工、造紙和金屬加工業。

馬氏體不鏽鋼 17-4PH，在高達 315℃下仍具有高強度高韌性，而且耐腐蝕性超強，隨著雷射加工狀態可以帶來極佳的延展性。目前華中科技大學、南京航空航天大學、中北大學等院校在金屬 3D 列印方面研究比較深入；現在的研究主要集中在降低孔隙率、增加強度以及對熔化過程的金屬粉末球化機制等方面。

5.7.1 鎳基合金

鎳基合金（圖 5.24）是指在 650～1000℃高溫下有較高的強度與一定的抗氧化腐蝕能力等綜合性能的一類合金。按照主要性能又細分為鎳基耐熱合金、鎳基耐蝕合金、鎳基耐磨合金、鎳基精密合金與鎳基形狀記憶合金等。高溫合金按照基體的不同，分為：鐵基高溫合金、鎳基高溫合金與鈷基高溫合金。其中鎳基高溫合金簡稱鎳基合金。

鎳基高溫合金（以下簡稱鎳基合金）是 1930 年代後期開始研製的。英國於 1941 年首先生產出鎳基合金 Nimonic 75（Ni20Cr0.4Ti），為了提高蠕變強度又添加鋁，研製出 Nimonic 80（Ni20Cr2.5Ti1.3Al）。美國於 1940 年代中期，蘇聯於 1940 年代後期，中國於 1950 年代中期也先後研製出鎳基合金。鎳基合金的發展包括兩個方面：合金成分的改進和生產工藝的革新。1950 年代初，真空熔煉技術的發展為煉製含高鋁和鈦的鎳基合金創造了條件。初期的鎳基合金大都是變形合金。1950 年代後期，由於渦輪葉片工作溫度的提高，要求合金有更高的高溫強度，但是合金的強度高了，就難以變形，甚至不能變形，於是採用熔模精密鑄造工藝，發展出一系列具有良好高溫強度的鑄造合金。1960 年代中期發展出性能更好的定向結晶和單晶高溫合金以及粉末冶金高溫合金。為了滿足艦船和工業燃氣輪機的需要，1960 年代以來還發展出一批抗熱腐蝕性能較好、組織穩定的高鉻鎳基合金。在從 1940 年代初到 1970 年代末大約 40 年的時間內，鎳基合金的工作溫度從 700℃提高到 1100℃，平均每年提高 10℃左右。

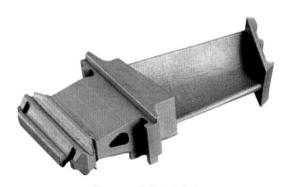

圖 5.24　鎳基合金產品

圖 5.25 是中國產 3D 列印的鎳基高溫合金航空引擎機匣，直徑 576mm。在該產品的 3D 列印過程中，採用了四雷射器、四振鏡技術，相比單雷射器、單振鏡效率提升了一到兩倍。

5.7.2 鈷鉻合金

鈷鉻合金是指以鈷和鉻為主要成分的高溫合金，它的耐蝕性和機械性能都非常優異，用

其製作的零件強度高、耐高溫，且有傑出的生物相容性，最早用於製作人體關節，現在已廣泛應用到口腔領域。由於其不含對人體有害的鎳元素與鈹元素，3D 列印個性化定製的鈷鉻合金烤瓷牙（圖 5.26）已成為非貴金屬烤瓷的首選。根據不同的臨床要求，鈷鉻合金的成分不盡相同，一般可分為軟質、中硬質及硬質三種。

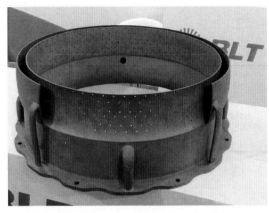

圖 5.25　3D 列印鎳基高溫合金航空引擎機匣

圖 5.26　鈷鉻合金在牙科的應用

5.7.3　鎂合金

鎂合金是以鎂為基礎加入其他元素組成的合金。其特點是：密度小（1.8g/cm³ 左右），強度高，彈性模量大，散熱好，消震性好，承受衝擊載荷能力比鋁合金大，耐有機物和鹼的腐蝕性能好。主要合金元素有鋁、鋅、錳、鈰、釔以及少量鋯或鎘等。目前使用最廣的是鎂鋁合金，其次是鎂錳合金和鎂鋅鋯合金。主要用於航空、航太、運輸、化工等領域。鎂在實用金屬中是最輕的金屬，鎂的密度大約是鋁的 2/3，是鐵的 1/4，具有高強度、高剛性。

美國匹茲堡大學工程學教授 Prashant Kumpta 和他的團隊開發出用鎂和鐵的合金製成的一種類似膩子的材料，這種材料可以根據骨折的實際情況，通過積層製造技術製成特定形狀，然後植入傷處以輔助骨骼恢復。而且這種膩子似的材料不僅能夠幫助修復骨骼，而且能夠在骨骼癒合的同時自行溶解，當骨骼完全恢復之後它也就溶解完畢，不留下任何痕跡。

5.8 複習與思考 ▶▶▶

1. 名詞解釋：強度、塑性、屈服強度、衝擊韌性、斷裂強度、疲勞強度。
2. 簡述布氏硬度、洛氏硬度、維氏硬度的測試原理以及測試範圍。
3. 簡述金屬材料的工藝性能有哪些。
4. 鋁合金主要的性能特點有哪些？
5. 鋁合金常用的 3D 列印工藝有哪些？
6. 鈦合金的主要性能有哪些？
7. 為什麼 3D 列印的鈦合金可以在生物領域使用？
8. 不鏽鋼的主要特點有哪些？主要性能有哪些？
9. 簡述傳統不鏽鋼的加工難點。
10. 能用作 3D 列印人工骨相關零件金屬應該具有什麼性能？

第**6**章

3D 列印材料——無機非金屬材料

6.1 陶瓷材料 ▶▶▶

6.1.1 陶瓷材料簡介

陶瓷材料是指用天然或合成化合物經過成型和高溫燒結製成的一類無機非金屬材料。它具有高熔點、高硬度、高耐磨性、耐氧化等優點，可用作結構材料、刀具材料。由於陶瓷還具有某些特殊的性能，又可作為功能材料。

近幾十年以來，隨著製備技術的進步，出現了一個具有優良特性的陶瓷——新型陶瓷。新型陶瓷材料在性能上有其獨特的優越性。在熱和機械性能方面，有耐高溫、隔熱、高硬度、耐磨損等；在電性能方面有絕緣性、壓電性、半導體性、磁性等；在化學方面有催化、耐腐蝕、吸附等功能；在生物方面，具有一定生物相容性，可作為生物結構材料等。

陶瓷 3D 列印技術的發展在近幾年可謂迅速，其背後的主要驅動力是對零件更高耐熱性、強度和韌性不斷成長的需求將金屬推到了性能極限，而工業陶瓷則具有更優異的表現。圖 6.1 為正在 3D 列印的陶瓷工藝品。陶瓷 3D 列印工藝和材料也更加多樣化，此前昂貴的技術正在變得可以承受。

6.1.2 陶瓷材料的性能

（1）力學特性

陶瓷材料是工程材料中剛度最好、硬度最高的材料，其硬度大多在 1500HV 以上。陶瓷的抗壓強度較高，但抗拉強度較低，塑性和韌性很差。

（2）熱特性

陶瓷材料一般具有高的熔點（大多在 2000℃以上），且在高溫下具有極好的化學穩定性。陶瓷的導熱性低於金屬材料，陶瓷還是良好的隔熱材料。同時陶瓷的線膨脹係數比金屬低，當溫度發生變化時，陶瓷具有良好的尺寸穩定性。

圖 6.1　3D 列印陶瓷工藝品

（3）電特性

大多數陶瓷具有良好的電絕緣性，因此大量用於製作各種電壓（1 ～ 110kV）的絕緣裝置。鐵電陶瓷（鈦酸鋇 $BaTiO_3$）具有較高的介電常數，可用於製作電容器。鐵電陶瓷在外電場的作用下，還能改變形狀，將電能轉換為機械能（具有壓電材料的特性），可用於擴音機、電唱機、超音波儀、聲呐、醫療用聲譜儀等。少數陶瓷還具有半導體的特性，可用於整流器。磁性陶瓷（鐵氧體如 $MgFe_2O_4$、$CuFe_2O_4$、Fe_3O_4）在錄音磁帶、唱片、變壓器鐵芯、大型計算機記憶元件方面有著廣泛的應用。

（4）化學特性

陶瓷材料在高溫下不易氧化，並對酸、鹼、鹽具有良好的抗腐蝕能力。

（5）光學特性

陶瓷材料還有獨特的光學性能，可用作固體雷射器材料、光導纖維材料、光儲存器等。透明陶瓷可用於高壓鈉燈管等。

6.1.3　陶瓷材料在 3D 列印中的應用

目前，已經被成功應用於陶瓷材料的 3D 列印技術包括噴嘴擠壓成型、光固化成型（面曝光和雷射）、黏合劑噴射成型、雷射選區燒結或熔融成型、漿料層鑄成型等。

噴嘴擠壓成型與塑膠 3D 列印的熔融沉積成型技術（FDM）類似。該技術採用混有陶瓷粉末的噴絲作為原材料，使用 100℃以上的溫度將噴絲中的高分子材料熔化後擠出噴嘴，擠出後的陶瓷高分子複合材料因為溫差而凝固。

光固化成型採用一種由陶瓷粉末、光引發劑、分散劑等混合而成的光固化膠，工藝本身與目前市場上的 DLP 和 SLA 印表機並無大的區別。有的產品（如 Lithoz）會因為光固化膠的高黏度而使用特殊的刮刀塗抹手段來加快成型過程中的材料填充，但歸根結底其本質與普

通樹脂成型並無大的區別。與噴嘴擠壓出的毛坯件一樣，光固化成型技術製造出的 3D 模型也需要在高溫爐中進行脫脂和燒結。根據有關公司的產品介紹，使用該工藝製造出的陶瓷製品（例如氧化鋁、氧化鋯、燐酸鈣等）密度可高達 99% 以上。

黏合劑噴射成型是將黏結劑通過列印噴頭噴射到陶瓷粉末上，用來將粉末顆粒黏結在一起。然而，根據有限的文獻報導，這種技術產生的陶瓷緻密度並不高，可能的解釋是其受到了粉末鋪設的密度的限制。

雷射選區燒結或熔融成型主要用於金屬材料的 3D 列印，在陶瓷的製造中使用並不多。這是因為使用雷射直接對陶瓷粉末進行燒結或者熔化處理時，加工過程中的溫度差極易在陶瓷產品中產生應力，這些應力最後會在陶瓷產品內部產生大量裂紋。使用粉末層預熱可以降低裂紋形成的可能性，但同時精度也有所降低。大量的研究集中在減少加工過程中的溫度差，但是難度極大，目前並未取得太大進展。更加簡單易行的方案是在陶瓷粉末中摻入高分子化合物作為黏合劑，使用雷射來燒結這些高分子化合物以達到間接成型的目的。然後，與黏合劑噴射成型一樣，這種工藝也受到了粉末鋪設密度的限制，目前的研究文獻報導中使用其加工而成的陶瓷製品密度並不高。

（1）氧化鋁陶瓷

傳統工藝製備氧化鋁陶瓷，過程煩瑣，耗時耗力。與傳統工藝相比，3D 列印陶瓷具有製作週期短、成本低、加工便捷、可操作性強等優勢。因此採用 3D 列印技術製備氧化鋁陶瓷，將成為一次新的革命性發展，進一步擴大氧化鋁陶瓷的銷售市場，在建築、航空航太和電子消費品等領域獲得廣泛應用。

圖 6.2 展示的是利用 3D 列印技術製備的複雜形狀的氧化鋁陶瓷。研究者首先採用噴霧造粒技術製備粒徑控制在 10 ～ 150μm 的氧化鋁粉體，再通過雷射選區燒結技術列印出具有良好的力學性能的氧化鋁陶瓷。

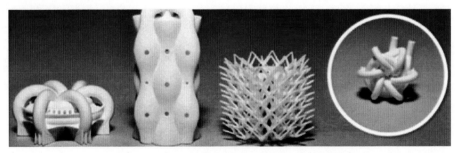

圖 6.2　3D 列印技術製備的複雜形狀的氧化鋁陶瓷

（2）燐酸三鈣陶瓷

燐酸三鈣的化學組分與骨骼十分相近，具有無變異性、良好的生物相容性等優點，廣泛應用於醫學領域。目前，國外對燐酸三鈣陶瓷 3D 列印技術進行了系統研究。圖 6.3 為 3D 列印的燐酸三鈣陶瓷生物材料製品，該工藝過程是以 100g 燐酸三鈣粉體為原料，與乙醇混合後球磨 6h，漿料經兩次乾燥後採用噴墨沉積列印技術將素坯成型，同時於 1250℃空氣氣

氛煅燒 2h 製備高質量燐酸三鈣陶瓷。

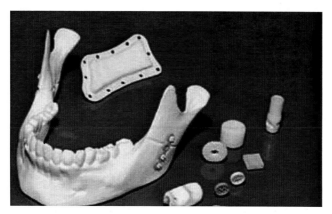

圖 6.3　3D 列印的燐酸三鈣陶瓷生物材料製品

（3）碳矽化鈦陶瓷（Ti_3SiC_2）

碳矽化鈦陶瓷具有層狀的六方晶體結構，在生物、醫療等方面有著廣泛的應用。該材料兼具金屬材料的高熱導率、高電導率、良好的延展性、塑性和陶瓷材料的高強度、穩定性、耐蝕性和抗氧化性能優越等優點。目前，國外對碳矽化鈦陶瓷的製備已進行了大量的實驗研究，製備碳矽化鈦陶瓷的方法主要有自蔓延高溫合成法（SHS）、熱等靜壓法（HIP）、化學氣相沉積法（CVD）、固相反應（SR）、放電等離子燒結（SPS）和熱壓法（HP）等。但是採用這些製備方法都需要在前期製作相應的成型模具，成本高、耗時長、靈活性差，不利於製作形狀複雜、中空的零件。利用 3D 列印技術製備 Ti_3SiC_2 陶瓷則可以有效地克服上述缺點。

（4）羥基燐灰石

羥基燐灰石（HA）作為骨骼、牙齒的主要無機成分，並在各種組織和細胞之間表現出優異的生物相容性，使其成為應用廣泛的人工骨替代材料。但 HA 強度低、脆性大、易碎，因而對 HA 製件抗壓性、增韌性等力學性能的研究也從未間斷。當前實驗已經驗證了 3D 列印製備的多孔羥基燐灰石植入體植入人體具備可行性，製件的抗壓強度和孔徑要求滿足作為植入體的要求，且能夠實現細胞的黏附和生長。

6.2　石膏材料 ▷▷▷

6.2.1　石膏材料簡介

石膏（圖 6.4）是單斜晶系礦物，主要化學成分為硫酸鈣（$CaSO_4$）的水合物。石膏是一種用途廣泛的工業材料和建築材料。可用於水泥緩凝劑、石膏建築製品、模型製作、醫用食品添加劑、硫酸生產、紙張填料、油漆填料等。

圖 6.4　石膏礦原料

石膏的形態主要有板狀、纖維狀、塊狀集合體。石膏及其製品的微孔結構和加熱脫水性，使之具優良的隔聲、隔熱和防火性能。中國是世界上天然石膏蘊藏量最多的國家之一，總量達到 600 億噸以上。華東區儲量近 400 億噸，占全國總儲量的近 70%。中南區石膏儲量雖然不多，由於開採歷史悠久，較早地形成了建築石膏（熟石膏）及其製品的生產規模，尤以湖南、湖北兩省位居前列。

6.2.2　石膏材料的性質

自然界中的石膏主要分為兩大類：二水石膏和無水石膏（硬石膏）。二水石膏的分子中含有兩個結晶水，化學分子式為 $CaSO_4 \cdot 2H_2O$，纖維狀集合體，呈長塊狀、板塊狀，有白色、灰白色或淡黃色，有的半透明；體重質軟，指甲能刻劃，條痕白色；易縱向斷裂，手撚能碎，縱斷面具纖維狀紋理，顯絹線光澤，無臭，味淡。

天然二水石膏（$CaSO_4 \cdot 2H_2O$）又稱為生石膏，經過煆燒、磨細可得 β 型半水石膏（$2CaSO_4 \cdot H_2O$），即建築石膏，又稱熟石膏、灰泥。若煆燒溫度為 190℃ 可得模型石膏，其細度和白度均比建築石膏高。若將生石膏在 400 ～ 500℃ 或高於 800℃ 下煆燒，即得地板石膏，其凝結、硬化較慢，但硬化後強度、耐磨性和耐水性均比普通建築石膏好。

無水石膏為天然無水硫酸鈣（$CaSO_4$），屬斜方晶系的硫酸鹽類礦物。分子中不含結晶水或結晶水含量極少。無水硫酸鈣晶體無色透明，密度為 $2.9g/cm^3$，莫氏硬度為 3.0 ～ 3.5；塊狀礦石顏色呈淺灰色，礦石裝車鬆散密度為 $1.849t/m^3$，加工後的粉體鬆散密度為 $919kg/m^3$。

無水石膏和二水石膏同屬氣硬性膠凝材料，粉磨加工後可用來製作粉刷材料、石膏板材和砌塊等建築材料。在水泥工業中，硬石膏和二水石膏均可用作水泥生產的調凝劑，起調節水泥凝結速度的作用。

6.2.3　石膏在 3D 列印中的應用

石膏是以硫酸鈣為主要成分的氣硬性膠凝材料，由於石膏膠凝材料及其製品有許多優良性質，原料來源豐富，生產能耗低，因而被廣泛地應用於土木建築工程領域。石膏的微膨脹性使得石膏製品表面光滑飽滿，顏色潔白，質地細膩，具有良好的裝飾性和加工性，是用來製作雕塑的絕佳材料。石膏材料相對其他諸多材料而言有著諸多優勢，其主要應用在以下幾

個領域。

（1）醫學方面

石膏在醫學方面大有作為。石膏內服經胃酸作用後，能增加血清內鈣離子濃度，可以緩解肌肉痙攣。石膏研末外用，還有清熱、收斂、生肌的作用，這些醫學用途使得石膏在醫療領域中有廣泛應用，可以用來 3D 列印骨骼、牙齒、石膏支架（圖 6.5）等。石膏材料也可以與其他 3D 列印材料混搭，製成更優質的複合材料。

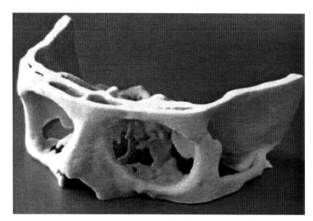

圖 6.5　利用 3D 列印製成的石膏支架

（2）建築模型製作

石膏材料由於具有成型速度快、能實現全彩列印等特點，可用於建築（圖 6.6）、藝術、裝飾等模型的製作。

圖 6.6　利用石膏材料 3D 列印的建築模型

6.3 複習與思考 ▶▶▶

1. 陶瓷材料的基本性能有哪些？
2. 陶瓷材料在 3D 列印中有哪些應用？
3. 石膏的性能特點有哪些？
4. 石膏在 3D 列印中有哪些應用？

第7章

3D 列印材料──新材料

7.1　澱粉材料 ▷▷▷

7.1.1　澱粉材料的簡介

　　澱粉是高分子碳水化合物，是由單一類型的醣單元組成的多醣。澱粉的基本構成單元為 α-D- 吡喃葡萄糖，葡萄糖脫去水分子後經由醣苷鍵連接在一起所形成的共價聚合物就是澱粉分子。

　　澱粉屬於多聚葡萄糖，游離葡萄糖的分子式以 $C_6H_{12}O_6$ 表示，脫水後葡萄糖單元為 $C_6H_{10}O_5$，因此，澱粉分子可寫成 $(C_6H_{10}O_5)_n$，n 為不定數。組成澱粉分子的結構單體（脫水葡萄糖單位）的數量稱為聚合度。

　　澱粉分為直鏈澱粉和支鏈澱粉。直鏈澱粉是 D- 六環葡萄糖經 α-1,4- 醣苷鍵連接組成；支鏈澱粉的分支位置為 α-1,6- 醣苷鍵，其餘為 α-1,4- 醣苷鍵 。

　　直鏈澱粉含幾百個葡萄糖單元，支鏈澱粉含幾千個葡萄糖單元。在天然澱粉中直鏈的占 20% ～ 26%，它是可溶性的，其餘的則為支鏈澱粉。直鏈澱粉分子的一端為非還原末端基，另一端為還原末端基，而支鏈澱粉分子具有一個還原末端基和許多非還原末端基。當用碘溶液進行檢測時，直鏈澱粉溶液呈深藍色，吸收碘量為 19% ～ 20%，而支鏈澱粉與碘接觸時變為紫紅色，吸收碘量為 1% 。

7.1.2　澱粉材料的性能

　　澱粉可以吸附許多有機化合物和無機化合物，直鏈澱粉和支鏈澱粉因分子形態不同具有不同的吸附性質。直鏈澱粉分子在溶液中分子伸展性好，很容易與一些極性有機化合物如正丁醇、脂肪酸等通過氫鍵相互締合，形成結晶型複合體而沉澱。

　　澱粉的許多化學性質與葡萄糖相似，但由於它是葡萄糖的聚合體，又有自身獨特的性質，生產中應用澱粉化學性質改變澱粉分子可以獲得兩大類重要的澱粉深加工產品。

　　第一大類是澱粉的水解產品，它是利用澱粉的水解性質將澱粉分子進行降解所得到的不

同聚合度的產品。澱粉在酸或酶等催化劑的作用下，α-1,4- 醣苷鍵和 α-1,6- 醣苷鍵被水解，可生成糊精、低聚糖、麥芽糖、葡萄糖等多種產品。

第二大類產品是變性澱粉，它是利用澱粉與某些化學試劑發生化學反應而生成的。澱粉分子中葡萄糖殘基中的 C2、C3 和 C6 位醇羥基在一定條件下能發生氧化、酯化、醚化、烷基化、交聯等化學反應，生成各種澱粉衍生物。

7.1.3 澱粉材料在 3D 列印中的應用

澱粉材料經微生物發酵成乳酸，再聚合成聚乳酸 (PLA)，和傳統的石油基塑膠相比，聚乳酸更為安全、低碳、綠色。聚乳酸的單體乳酸是一種廣泛使用的食品添加劑，經過體內糖酵解最後變成葡萄糖。聚乳酸產品在生產使用過程中，不會添加和產生任何有毒有害物質。

聚乳酸，又稱聚丙交酯，是以乳酸為主要原料聚合得到的聚酯類聚合物，是一種新型的生物降解材料。聚乳酸材料雖然很強大，但是它同時也有弱點，如耐熱和耐水解能力較差，這對聚乳酸產品的使用產生了諸多限制。

聚乳酸是常見的 3D 列印材料，但是其在溫度高於 50℃ 的時候就會變形，限制了它在餐飲和其他食品相關方面的應用。但是如果通過無毒的成核劑加快聚乳酸的結晶化速度就可以使聚乳酸的耐熱溫度提高，達到 100℃。利用這種改良的聚乳酸材料可以列印餐具和食品級容器、袋子、杯子、蓋子，這種材料還能用於非食品級應用，比如製作電子設備的元件、耐熱的生物塑膠，可以說是 3D 列印的理想材料。

圖 7.1 是基於土豆澱粉材料的聚乳酸列印出來的產品。基於土豆澱粉的聚乳酸結合了卓越的表面光潔度和柔潤性，很容易處理並且具有出色的列印細節。這種材料可以支持高速列印，而且脆性比普通的聚乳酸要低。基於土豆澱粉材料的聚乳酸強度較高，它在需要一定彎曲程度的應用中的用處要遠遠超過基於玉米澱粉的聚乳酸材料。

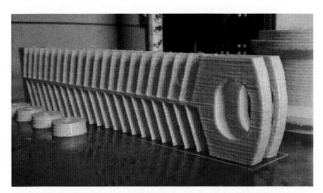

圖 7.1　基於土豆澱粉材料的聚乳酸列印產品

圖 7.2 所示的聚乳酸材料其主要成分為玉米澱粉提取物，在列印的過程中無毒無味，列印後的模型可以在自然條件下生物降解，且其顏色豐富多彩。

圖 7.2　基於玉米澱粉的聚乳酸材料

7.2 矽膠材料 ▶▶▶

7.2.1 矽膠材料的簡介

　　矽膠又稱矽酸凝膠，是一種高活性吸附材料，屬非晶態物質。矽膠主要成分是二氧化矽，化學性質穩定，不燃燒。矽膠材料可分為有機矽膠和無機矽膠兩大類。有機矽膠是一種有機矽化合物，是指含有 Si—C 鍵且至少有一個有機基團是直接與矽原子相連的化合物，習慣上也常把那些通過氧、硫、氮等使有機基團與矽原子相連接的化合物也當作有機矽化合物。無機矽膠是一種高活性吸附材料，通常是用矽酸鈉和硫酸反應，並經老化、酸泡等一系列後處理過程而製得。矽膠的化學分子式為 $m\mathrm{SiO_2} \cdot n\mathrm{H_2O}$，不溶於水和任何溶劑，無毒無味，化學性質穩定，除強鹼、氫氟酸外不與任何物質發生反應。各種型號的矽膠因其製造方法不同而形成不同的微孔結構。矽膠的化學組分和物理結構決定了它具有許多其他同類材料難以取代的特點：吸附性能高、熱穩定性好、化學性質穩定、有較高的機械強度等。家庭用作乾燥劑、濕度調節劑、除臭劑等；工業用作油烴脫色劑、催化劑載體、變壓吸附劑等；精細化工用作分離提純劑、啤酒穩定劑、塗料增稠劑、牙膏摩擦劑、消光劑等。

7.2.2 矽膠材料的性能

　　無機矽膠的結構非常像一個海綿體，由互相連通的小孔構成一個有巨大的表面積的毛細孔吸附系統，能吸附和保存水氣。在濕度為 100% 條件下，它能吸附並凝結相當於其自重 40% 的水氣。無機矽膠具有開放的多孔結構，比表面很大，能吸附許多物質，是一種很好的乾燥劑、吸附劑和催化劑載體。無機矽膠的吸附作用主要是物理吸附，可以再生和反覆使用。

　　有機矽膠具有極其獨特的結構：
　　① 矽原子上充足的甲基將高能量的聚矽氧烷主鏈屏蔽起來。
　　② C—H 鍵極性極弱，使分子間相互作用力十分微弱。

③ Si—O 鍵鍵長較長，Si—O—Si 鍵鍵角大。

④ Si—O 鍵是具有 50% 離子鍵特徵的共價鍵，即共價鍵具有方向性，離子鍵無方向性。

這些特殊的組成和分子結構使它集有機物的特性與無機物的功能於一身。與其他的高分子材料相比，有機矽膠具有眾多優點。

（1）耐溫特性

有機矽不但可耐高溫，而且也耐低溫，可在一個很寬的溫度範圍內使用。無論是化學性能還是物理機械性能，隨溫度的變化都很小。

（2）耐候性

有機矽具有比其他高分子材料更好的熱穩定性以及耐輻照和耐候能力。有機矽中自然環境下的使用壽命可達幾十年。

（3）電絕緣性能

有機矽產品都具有良好的電絕緣性能，其介電損耗、耐電壓、耐電弧、耐電量、體積電阻係數和表面電阻係數等均在絕緣材料中名列前茅，而且它們的電氣性能受溫度和頻率的影響很小。因此，它們是一種穩定的電絕緣材料，被廣泛應用於電子電氣工業上。

（4）低表面張力和低表面能

有機矽的主鏈十分柔順，其分子間的作用力比碳氫化合物要弱得多，因此，比同分子量的碳氫化合物黏度低，表面張力弱，表面能小，成膜能力強。這種低表面張力和低表面能是它獲得多方面應用的主要原因。其具有疏水、消泡、泡沫穩定、防黏、潤滑、上光等各項優異性能。

由於有機矽膠具有上述優異的性能，它的應用範圍非常廣泛。有機矽膠不僅作為航空、尖端技術、軍事技術部門的特種材料使用，而且也用於國民經濟各部門，其應用範圍已擴展到建築、電子電氣、紡織、汽車、機械、皮革造紙、化工輕工、金屬和油漆、醫藥醫療等領域。

由於矽膠的性能極好且成本很低，所以矽膠成為 3D 列印材料的又一重要成員。

7.2.3　矽膠材料在 3D 列印中的應用

2014 年 10 月，Fripp Design Research 公司宣布推出一種可以用矽膠列印的 3D 印表機 ——Picsima 矽酮 3D 印表機。列印尺寸為 100mm×100mm×30mm，印刷層厚度為 0.4mm，印刷產品的硬度可以低到邵氏硬度 10HA，這意味著它可以達到超軟水準，並且可以反覆拉伸而不斷裂。Picsima 列印過程是一個介於粉末床 3D 列印和光固化 3D 列印之間的過程：用催化劑燒結或固化填充特殊矽油的「材料池」；用三維印表機針形擠出頭將定量催化劑噴塗到矽油層表面。由於催化劑能快速固化矽膠，因此列印物根本不需要支撐和後處理。此外，在列印過程中還使用了交聯劑，並且列印對象的各個部分的柔軟度會根據交聯劑的不同而改變。最後，這一過程也可以被染色和印刷，以生產彩色矽膠。

Picsima 矽酮 3D 印表機目前已被 FDA 批准用於醫療和食品領域，並已獲得專利。其室溫硫化（RTV）醫用級矽膠材料可廣泛應用於 3D 列印假肢（耳、鼻、義齒等）、醫療設備、消費電子產品和工業原型產品，並已被批准於人體。圖 7.3 為 Picsima 矽膠 3D 印表機和人造心臟製品。

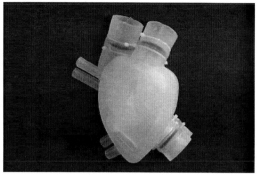

圖 7.3　Picsima 矽膠 3D 印表機和人造心臟製品

7.3　人造骨粉材料 ▶▶▶

7.3.1　人造骨粉材料的簡介

　　人造骨粉是一種具有生物功能的新型無機金屬材料，它具有類似於人骨和天然牙的性質的結構。人造骨粉材料具有良好的生物活性和生物相容性。當人造骨粉材料的尺寸達到奈米級時將表現出一系列的獨特性能，如具有較高的降解和可吸收性。人造骨可以依靠從人體體液補充某些離子形成新骨，可在骨骼接合界面發生分解、吸收、析出等反應，實現骨骼牢固結合。人造骨植入人體內需要人體中的 Ca^{2+} 與形成新骨。

7.3.2　人造骨粉材料的性能

　　人造骨粉相對於傳統骨粉有以下幾個優點。

　　① 人造骨粉是一種標準化的原料，其純度高，質量穩定，可完全實現骨質瓷原料生產的標準化、系列供應，從而克服了動物骨灰供應管道困難、成分波動大、質量難以保證等缺點。

　　② 用人造骨粉性能指標明顯優於以動物骨灰製作的傳統骨質瓷。

　　③ 人造骨粉改變了傳統骨粉生產「高不可攀」的現狀，極大地簡化了骨質瓷的生產工藝，省掉了傳統骨質瓷繁雜的原料再處理工藝，只要具備一般的生產條件，便可利用合成骨粉生產高檔骨質瓷。

　　④ 人造骨粉及製瓷技術解決了傳統骨質瓷生產中存在的三大難題，即泥料流變性能差、燒成溫度範圍窄、製品熱穩定性低。這主要是因為合成骨粉顆粒細、表面活性大、自身不存在析出游離鹼性氧化物的可能性，這有利於提高泥料的工藝性能。又因為合成的骨粉全部為成瓷的有效成分，相對於傳統骨質瓷而言，瓷胎中主品相磷酸三鈣的含量明顯得到提高，這樣極其有利於擴大燒成溫度範圍和提高熱穩定性。

7.3.3 人造骨粉材料在 3D 列印中的應用

由於人造骨粉的穩定性好，具有可塑性且安全無毒，人造骨粉現在已經應用到隆鼻手術以及義齒中。將人造骨粉材料應用於 3D 列印骨骼，也已成為研究人員研發的重點。圖 7.4 為人造骨粉材料列印製品。

圖 7.4　人造骨粉材料列印製品

加拿大研究人員正在研發骨骼印表機，利用 3D 列印技術，將人造骨粉轉變成精密的骨骼組織。骨骼印表機使用的材料，是一種類似水泥的人造粉末，屬於人造骨粉的一種。印表機將骨粉平鋪在操作臺上，然後在骨粉製作的膏膜上噴灑一種酸性藥劑，使薄膜變得堅硬。這個過程會一再重複，形成一層又一層的粉質薄膜。最後，精密的骨骼組織就這樣被創建出來。

7.4 新型 3D 列印材料 ▶▶▶

新型材料是指新出現的或正在發展中的，具有傳統材料所不具備的優異性能和特殊功能的材料；或採用新技術（工藝、裝備等），使傳統材料性能有明顯提高或產生新功能的材料。一般認為滿足高技術產業發展需要的一些關鍵材料也屬於新材料的範疇。

新型材料產業包括以下幾種：①紡織業；②石油加工及煉焦業；③化學原料及化學製品製造業；④化學纖維製造業；⑤橡膠製品業；⑥塑膠製品業；⑦非金屬礦物製品業；⑧黑色金屬冶煉及壓延加工業；⑨有色金屬冶煉及壓延加工業；⑩金屬製品業；⑪醫用材料及醫療製品業；⑫電工器材及電子元件製造業；等。

7.4.1 食用材料

傳統的烹飪工藝需要人們對原材料經過多道工序的加工，費時又費力，其複雜程度讓很多人止步於廚房之外。使用 3D 食物印表機製作食物可以大幅縮減從原材料到成品的環節，

從而避免食物加工、包裝、運輸等環節的不利影響。大多數 3D 印表機使用的原材料是塑膠等不能食用的細絲，但食品印表機顛覆傳統，它可以用任何可以製成糊狀物的可食用材料來製作菜肴，比如馬鈴薯泥、巧克力慕斯、千層蛋糕及比薩麵團。列印過程中，首先將糊狀原材料放入進料口，經過加熱後由噴嘴推出，從而形成一層薄薄的食物「墨水」。一層一層堆積之後，便可以列印出連續的三維結構的食物。盡管食品行業 3D 列印還處於起步階段，但它已經準備好改造食品行業的未來，其影響已經在全球範圍內顯現出來。專家對製作食物的 3D 印表機未來的設想是從藻類、昆蟲、草等中提取人類所需的蛋白質等材料，用 3D 食物印表機製作出更營養、更健康的食物。

食物殘渣可作為 3D 列印材料。Kristina Liaskovskaia 研製了一個叫 PriO 的新機器，PriO 將榨汁機與 3D 印表機巧妙地融合到了一起，在人們享用美味果汁的同時，還可以將水果殘渣作為 3D 列印的原材料加以利用，變成人們日常生活使用的水杯或盤子等工具，避免了浪費。

PriO 通過將榨汁機與 3D 印表機互相結合，不僅可以將這些廚餘垃圾巧妙地利用起來，而且在其中混入特殊的紙漿與樹脂成分後，通過 3D 列印技術還可以直接列印出人們需要的日常用品。這些日常用品不僅非常環保，可循環利用，屬於 100% 可降解材料，而且人們還可以充分發揮自己的想像力，根據自己的喜好來列印出自己喜歡的形狀。圖 7.5 為用食品材料列印的環保餐具。

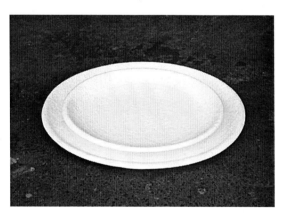

圖 7.5　3D 印表機列印的盤子

7.4.2　奈米碳管材料

奈米碳管，又稱巴基管，是一種具有特殊結構（徑向尺寸為奈米量級，軸向尺寸為微米量級，管子兩端基本上都封口）的一維量子材料。奈米碳管上每個碳原子採取 sp^2 雜化，相互之間以 C—C 鍵結合起來，形成由六邊形組成的蜂窩狀結構作為奈米碳管的骨架。每個碳原子上未參與雜化的一對 p 電子相互之間形成跨越整個奈米碳管的共軛電子雲。奈米碳管主要由呈六邊形排列的碳原子構成數層到數十層的同軸圓管。層與層之間保持固定的距離，約

0.34nm，直徑一般為 2 ～ 20nm。

（1）奈米碳管的分類

① 按照石墨層數分類，奈米碳管可分為單壁奈米碳管和多壁奈米碳管，如圖 7.6 所示。

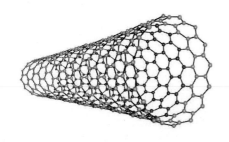

圖 7.6　單壁和多壁奈米碳管

② 按照手性分類，奈米碳管可分為手性管和非手性管。其中，非手性管又可分為扶手椅型管和鋸齒型管。

③ 按照導電性能分類，奈米碳管可分為導體管和半導體管。

（2）奈米碳管性能

奈米碳管拉伸強度是鋼的 100 倍，質量只有鋼的 1/6，並且延伸率可達到 20%，其長度和直徑之比可達 100 ～ 1000，遠遠超出一般材料的長徑比，因而被稱為「超強纖維」。奈米碳管是一種絕好的纖維材料，具有碳纖維的固有性質，強度及韌性均遠優於其他纖維材料。單壁奈米碳管的楊氏模量在 1012Pa 範圍內，在軸向施加壓力或彎曲奈米碳管時，當外力大於歐拉強度極限或彎曲強度時，它不會斷裂，而是先發生大角度彎曲，然後打捲形成麻花狀物體，當外力釋放後奈米碳管仍可以恢復原狀。

在奈米碳管內，由於電子的量子限域效應，電子只能在石墨片中沿著奈米碳管的軸向運動，因此奈米碳管表現出獨特的電學性能。它既可以表現出金屬的電學性能，又可以表現出半導體的電學性能。奈米碳管具有獨特的導電性、很高的熱穩定性和本徵遷移率，比表面積大，微孔集中在一定範圍內，滿足理想的超級電容器電極材料的要求。

單壁奈米碳管和多壁奈米碳管的光學性質各不相同。單壁奈米碳管的發光是從支撐奈米碳管的金針頂附近發射的，並且發光強度隨發射電流的增大而增強；多壁奈米碳管的發光位置主要限制在面對著電極的薄膜部分，發光位置是非均勻的，發光強度也是隨著發射電流的增大而增強。奈米碳管的發光是由電子在與場發射有關的兩個能級上的躍遷而導致的。

目前運用奈米碳管列印的技術還不成熟，且製作成本很高，還在研究階段。在 ABS 中加入 2.5% 的奈米碳管，形成一種全新的多壁奈米碳管線材，列印出的物品比傳統的 ABS 樹脂強度更高。ESD 奈米碳管長絲指的是靜電放電奈米碳管長絲。ESD 奈米碳管長絲是基於奈米碳管技術。該材料是由 100% 純 ABS 樹脂摻入多壁奈米碳管製成的。與傳統的炭黑化合物相比，基於奈米碳管的長絲具有優異的延展性、清潔水準和一致性。

ESD 奈米碳管長絲與聚合物經過化學或電化學摻雜後，形成一類具有良好導電性能的

ESD 奈米碳管長絲 / 聚合物新型複合材料。該類材料不僅具有聚合物的選材豐富、加工性能優異等優點，還具有一般聚合物不具備的良好導電性能、電導率可通過控制 ESD 奈米碳管長絲的加入量任意調節、環境穩定性好、產品透明度高等優點。在 3D 列印中，ESD 奈米碳管長絲 / 聚合物複合材料主要用於透明導電材料的製備。目前，ESD 奈米碳管長絲 / 聚合物複合材料的 3D 列印產品已廣泛應用在電子 / 微電子元件、通訊裝置、醫療器械、石油化工、軍工、航空航太等領域的電子電氣組件中的抗電磁波干擾和抗靜電元件。圖 7.7 為以絲蛋白和奈米碳管為原料列印的儲能裝置。

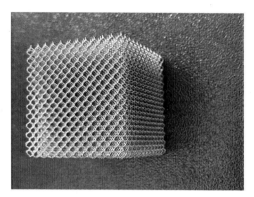

圖 7.7　以絲蛋白和奈米碳管為原料列印的儲能裝置

7.4.3　石墨烯材料

石墨烯是一種以 sp^2 雜化連接的碳原子緊密堆積成單層二維蜂窩狀晶格結構的新材料。石墨烯具有優異的光學、電學、力學特性，在材料學、微奈加工、能源、生物醫學和藥物傳遞等方面具有重要的應用前景，被認為是一種未來革命性的材料。如果能夠使用石墨烯作 3D 列印材料，3D 印表機將能夠製造具有強度高、質量輕以及柔韌性、導電性俱佳的零部件或產品。圖 7.8 為石墨烯材料。

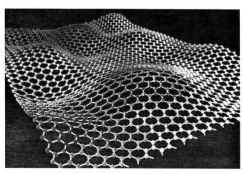

圖 7.8　石墨烯材料

將 3D 列印技術與石墨烯 / 聚合物基複合材料的製備結合起來，可以實現複合材料的快速製造成型，製造複雜結構的產品。石墨烯的加入，使得 3D 列印產品具有更好的力學性能和功能特性，同時還可以更方便地製備梯度化功能製品。

目前用於石墨烯 / 聚合物基複合材料的 3D 列印方式主要有以下四種。

① 噴墨列印成型：石墨烯高載流子遷移率使得其非常適用於奈米電子裝置的製備，噴墨列印便是一種常用的方便高效的製備方法。而聚合物的加入可以穩定墨汁，防止石墨烯沉澱分層，還可以調節墨汁黏度，使其處於便於列印的範圍。噴墨列印成型設備簡單，成本低，操作簡易，非常適用於製備微奈米裝置和電子電路。

② 熔融沉積成型：將通過熔融混合、溶液混合等方式製得的石墨烯 / 聚合物基複合材料通過擠出機等設備製成 3D 列印線材，即可進行石墨烯 / 聚合物基複合材料的熔融沉積成型。

③ 光固化成型：採用光固化成型石墨烯 / 聚合物基複合材料時，一般將石墨烯溶於溶劑後加入光敏樹脂中或者直接加入樹脂中混合，之後進行光固化成型。

④ 雷射選區燒結：目前採用雷射選區燒結成型石墨烯 / 聚合物基複合材料的報導還相對較少，主要集中在尼龍基材料上。

採用 3D 列印成型石墨烯 / 聚合物基複合材料的很多技術目前還不夠成熟，仍處於研究中，但其在電子、能源、生物醫藥、機械、航空航太等多個領域的應用前景值得期待。

7.5　複習與思考 ▶▶▶

1. 瀎粉材料使用到 3D 列印中的好處有哪些？
2. 人造骨材料的優點有哪些？
3. 矽膠材料分為幾種？有什麼不同？
4. 有機矽膠有哪些獨特之處？
5. 奈米碳管怎麼分類？

參考文獻

[1] 劉忠偉.先進製造技術 [M].2 版.北京:國防工業出版社,2007.

[2] 王英傑,卜學軍.金屬工藝學 [M].4 版.北京:高等教育出版社,2018.

[3] 章峻,司玲,楊繼全.3D 打印成型材料 [M].南京:南京師範大學出版社,2016.

[4] 呂鑒濤.3D 打印原理、技術與應用 [M].北京:人民郵電出版社,2017.

[5] 張巨香,于曉偉.3D 打印技術及其應用 [M].北京:國防工業出版社,2016.

[6] 徐小波.用於 3D 打印的光敏樹脂先驅體製備及其陶瓷化研究 [D].瀋陽:遼寧大學,2019.

[7] 陳康偉.消費級金屬 3D 打印關鍵技術研究 [D].廈門:廈門大學,2018.

[8] 赫德・里普森,麥爾芭・庫日曼.3D 打印:從想像到現實 [M].北京:中信出版社,2013.

[9] 史玉升,閆春澤,周燕,等.3D 打印材料 [M].武漢:華中科技大學出版社,2019.

[10] 李博.3D 打印技術 [M].北京:中國輕工業出版社,2017.

[11] 付小兵,黃沙.生物 3D 打印與再生醫學 [M].武漢:華中科技大學出版社,2020.

[12] 曹光兆.聚苯胺/聚亞苯基碸/聚醚醚酮複合塗層的製備及其防腐性能研究 [D].長春:吉林大學,2020.

[13] 賀望.聚醚酰亞胺的合成與功能化改性 [D].長沙:湖南師範大學,2020.

[14] 張賀.聚亞苯基碸/聚苯硫醚共混物的製備及性能研究 [D].長春:吉林大學,2015.

[15] 李玉傑.聚亞苯基碸/聚苯醚共混物及其玻纖增強材料的製備與性能研究 [D].長春:吉林大學,2016.

[16] 張躍文.透明 PC 基複合材料的製備及其紫外光老化性能研究 [D].南京:南京信息工程大學,2019.

[17] 朱鳳波.基於 ABS 材料的 3D 打印工藝及試件機械性能研究 [D].哈爾濱:哈爾濱工業大學,2019.

[18] 張晨,劉津瑞,梁虹.淺談 3D 打印生物陶瓷材料的發展趨勢 [J].黑河學院學報,2020, 12: 181-183.

[19] 吳重草,郇志廣,朱鈺方,等.3D 打印 HA 微球支架的製備與表徵 [J].無機學報,2020, 10.

[20] 崔慶實.改性環氧樹脂提高其耐腐蝕性能的研究 [D].長春:長春工業大學,2020.

[21] 曹亞瓊.石墨烯改性環氧樹脂油管塗層的組織性能研究 [D].西安:西安石油大學,2020.

[22] 朱岳.3D 打印用光敏樹脂的研究 [J].山西化工,2020, 5:34-37.

[23] 柳朝陽,趙備備,李蘭傑,等.金屬材料 3D 打印技術研究進展 [J].粉末冶金工業,2020, 2: 83-89.

[24] 劉洋子健,夏春蕾,張均,等.熔融沉積成型 3D 打印技術應用進展及展望 [J].工程塑料應用,2017, 3: 130-133.

[25] 趙錦龍,王鵬程,劉海亮.應用激光選區燒結技術製作人體膝關節模型 [J].現代製造工程,2016, 9: 30-32.

[26] 萬佳勇.激光選區燒結複合材料成型工藝及性能研究 [D].廣州:華南理工大學,2020.

[27] 劉靜,王磊.液態金屬 3D 打印技術:原理及應用 [M].上海:上海科學技術出版社,2018.

[28] 工業和信息化部工業發展中心,王曉燕,朱琳.3D 打印與工業製造 [M].北京:機械工業出版社,2019.

3D 列印原理與 3D 列印材料

主　　編：袁建軍，谷連旺

副 主 編：劉然慧，邱常明

發 行 人：黃振庭

出 版 者：崧燁文化事業有限公司

發 行 者：崧燁文化事業有限公司

E-mail：sonbookservice@gmail.com

粉 絲 頁：https://www.facebook.com/sonbookss/

網　　址：https://sonbook.net/

地　　址：台北市中正區重慶南路一段六十一號八樓 815 室

Rm. 815, 8F., No.61, Sec. 1, Chongqing S. Rd., Zhongzheng Dist., Taipei City 100, Taiwan

電　　話：(02)2370-3310

傳　　真：(02)2388-1990

印　　刷：京峯數位服務有限公司

律師顧問：廣華律師事務所 張珮琦律師

-版權聲明

定　　價：299 元

發行日期：2024 年 03 月第一版

◎本書以 POD 印製

國家圖書館出版品預行編目資料

人臉表情辨識算法及應用 / 袁建軍，谷連旺 主編，劉然慧，邱常明 副主編 . -- 第一版 . -- 臺北市：崧燁文化事業有限公司 , 2024.03

面；　公分

POD 版

ISBN 978-626-394-114-4(平裝)

1.CST: 印刷術 2.CST: 印刷材料

477.7　　113002965

電子書購買

臉書

爽讀 APP